青少年网络安全教育

QINGSHAONIAN WANGLUO ANQUAN JIAOYU

王海新 ◎ 编著

首都经济贸易大学出版社
Capital University of Economics and Business Press
· 北 京 ·

图书在版编目（CIP）数据

青少年网络安全教育 / 王海新编著. -- 北京 : 首都经济贸易大学出版社, 2025. 3. -- ISBN 978-7-5638-3866-0

Ⅰ. TP393.08-49

中国国家版本馆 CIP 数据核字第 2025GD0063 号

青少年网络安全教育

QINGSHAONIAN WANGLUO ANQUAN JIAOYU

王海新　编著

责任编辑　韩　泽

封面设计　砚祥志远·激光照排 TEL: 010-65976003

出版发行　首都经济贸易大学出版社

地　　址　北京市朝阳区红庙（邮编 100026）

电　　话　（010）65976483　65065761　65071505（传真）

网　　址　http://www.sjmcb.cueb.edu.cn

经　　销　全国新华书店

照　　排　北京砚祥志远激光照排技术有限公司

印　　刷　北京市泰锐印刷有限责任公司

成品尺寸　170 毫米×240 毫米　1/16

字　　数　192 千字

印　　张　9.5

版　　次　2025 年 3 月第 1 版

印　　次　2025 年 3 月第 1 次印刷

书　　号　ISBN 978-7-5638-3866-0

定　　价　35.00 元

前　言

网络安全能力在今天已经成为国家信息化建设水平和综合国力的体现，是建设“两个强国”的重要支撑，也是机构和企业在数字化浪潮下生存的必备能力。我国青少年网民数量众多，加强网络安全工作，让青少年成为网络安全的维护者，这对于我国网信事业的发展至关重要。青少年是互联网的主要使用者，他们的网络安全知识水平直接影响到整个社会的安全程度。加强青少年网络安全教育，可以保障网络信息安全，维护社会稳定。

本书的讲解旨在：(1) 提升网络素养。网络安全教育不只包括传授安全知识，更重要的是提升青少年的网络素养，让他们具备批判性思维、信息筛选能力和社会责任感。(2) 学会保护个人隐私和安全。通过网络安全教育，青少年能够学会保护自己的个人隐私和信息安全，避免遭受网络犯罪的侵害。(3) 预防网络欺凌。网络欺凌是青少年面临的严重问题，网络安全教育可让青少年学会识别和应对网络欺凌行为，维护自己的合法权益。(4) 培养健康上网习惯。良好的网络安全意识有助于青少年养成健康的上网习惯，避免过度沉迷网络、接触不良信息等负面影响。

本书主要内容包括：网络安全基础知识、网络危害识别与防范、安全使用社交媒体、网络礼仪与道德规范、网络游戏安全、网络学习环境建设、网络素养教育实践、未来网络空间展望与挑战。

本书内容翔实、图文并茂、轻松易读，具有很强的实用性，可作为学校进行网络安全知识教育的读本，也可供家庭进行网络安全教育时使用。

目　录

第一章　网络安全基础知识

第一节　网络安全概述

党的十九大报告强调，要“建立网络综合治理体系，营造清朗的网络空间”，而首要前提就是保障网络安全。当我们谈论“网络安全”的时候，必须知晓“何谓网络安全”“网络安全有哪些主要特征”等基本问题。本节将围绕这些基本问题展开。

一、什么是网络安全

根据总部位于瑞士日内瓦的国际电信联盟（International Telecommunication Union，ITU）2015 年发布的《衡量信息社会发展报告》，到 2015 年，全球互联网用户已达 32 亿人，占全球人口的 43. 4%。自从 1994 年 4 月 20 日正式接入互联网以来，我国的网络发展迅速，如今已经渗透到了生活的方方面面。我们可以通过网络与远方的朋友即时沟通；可以通过网络在假期向老师或同学请教作业上的难题，老师会通过网络（如班级 QQ 群或者微信群）在假期督促我们学习，并关心学习生活动态；可以通过网络获得世界上任何一个地方的新闻，了解奇闻趣事；可以通过网络阅读最新上线的图书，听最新上线的音乐，或观看最新上线的电影；等等。此外，越来越多的人倾向于在网上购物，就连春节习俗“红包”也通过手机发送……由此我们发现，网络为我们的日常学习生活带来了极大的便利，甚至可以说网络已经渗透到了我们生活的每个角落。

既然网络给我们的生活带来了这么多便利，那是不是意味着我们可以无所顾忌地使用网络了呢？这个答案是否定的。我们不能忽略网络中的安全隐患。以前，我们当中有些人可能会在日记本中写下自己的日常心情，并把它当成自己的小秘密，这些小秘密一般是不愿意让别人看到的，所以我们更倾向于购买有密码锁的笔记本作为日记本。现在，网络可以代替我们的密码锁笔记本了，越来越多的人喜欢在博客、QQ 空间或者微信朋友圈中记录自己的日常生活。在这些网络平台上，我们可以通过其中的权限设置，选择公开或者锁住我们的网络动态，以决定记录的内容是否让他人看见。不过大家有没有想过，网络是有漏洞的？假设有一天，有人像撬开你的密码锁日记本一样“撬开”了你的网络空间，你会不会觉得自己的隐私遭到了侵犯？更为可怕的是，我们现在不仅仅在网络中记录心情，还可以通过网络提交作业、购买商品甚至转交学费等。不管其中哪一件事情出现了问题，它的后果都是非常严重的。这就要求我们在使用网络时必须关注网络安全。

那么，什么是网络安全？我们所说的网络安全，指的是计算机网络安全，它涉及计算机科学、网络技术、通信技术、密码技术、信息安全技术、应用数学、数论、信息论等多个学科。通过我们平常对计算机网络的使用经验就可以知道，计算机网络的主要功能就是为我们提供信息服务以及向我们分享它所拥有的信息资源。由此可见，我们所说的计算机网络安全从本质上来讲就是指我们在计算机网络中的信息安全。国际标准化组织（International Organization for Standardization，ISO）对计算机网络安全的定义为："网络系统的硬件、软件及其系统中的数据受到保护，不因偶然的或者恶意的原因而遭到破坏、更改、泄露，系统可以连续、可靠、正常地运行，网络服务不被中断。"我们可以这样来理解，在信息的安全期限内，网络安全就是保障信息在网络上不会受到未授权用户的非法访问，只有授权用户才可以访问。这就好像现实生活中我们自己的家，只有拥有家中钥匙的人才能开门进入家中，而没有钥匙的人是无法进入的，除非他们破门而入。未经主人允许破门而入，这种行为不仅破坏了他人住宅的设备，也会威胁该住宅的安全，是违法行为。同样，我们可以将未经授权用户非法访问信息的行为看作破坏网络安全的行为，这是网络安全所不允许的。

计算机技术迅速发展，网络在人们的生活中扮演着越来越重要的角色，网络安全不仅成为个人的，更成为整个社会、国家乃至全世界都需要关注的问题。网络中有很多个人敏感信息、商业秘密甚至国家机密，这些信息都是非常重要的，而且在原则上是不对外开放的。一些网络攻击者可能会出于各种目的将这些信息作为攻击对象，导致这些重要信息泄露，破坏网络安全。正如前文所说的有钥匙才能进家门一样，当今社会的网络安全问题，可以类比于家庭日常生活中的防火防盗问题。就像我们给家中安装防盗网、防盗锁甚至密码锁以防盗一样，在网络世界中我们也应该树立安全意识，防患于未然。网络世界中的攻击比现实生活中的攻击更加悄无声息，也许在我们自己都还未意识到之前，威胁就已经悄悄靠近了。而一旦我们的信息系统遭到攻击，其结果往往会让我们措手不及，造成的损失也难以估计。

二、网络安全的特征

前面我们谈到了网络安全的定义，现在我们一起来了解网络安全的特征。

（一）机密性

在对网络安全进行解释时我们提到了信息授权的问题，这涉及网络安全的第一个特征——机密性。它指的是在网络中信息不会泄露给未授权的用户，保护信息不被未授权用户利用的特性。

（二）完整性

完整性指的是保证信息在存储与传输过程中不被修改、破坏或丢失的特性，即未经授权信息不会被改变。

（三）可控性

可控性指的是在信息传播过程中对信息的传播和传播的内容具有控制能力。在防止不良信息的恶意蔓延上，可控性非常重要。

（四）可用性

可用性指的是被授权的用户在网络中能根据自己的需要访问或存取所需要信息的特性。也就是说，在安全的网络状态下，我们能够不受阻拦地在网上获取那些公开并且对我们自己有用的信息。

（五）可审性

可审性指的是在出现网络安全问题时能够提供依据和手段的特性。

（六）严重性

严重性指的是网络安全遭到破坏之后，其产生的后果往往是相当严重的。网络安全是保证网络信息得到安全传输的一道屏障，一旦这道屏障遭到破坏，信息就会泄露，如果被泄露的是非常重要的信息，那么便会带来非常严重的损失，甚至有可能会威胁到用户的人身安全。

（七）多元性

多元性指的是对网络安全产生威胁的因素是多元的，这些威胁在下文中将会说明。

三、网络安全的威胁来源

网络的便利性在于它使我们足不出户就可以处理很多日常生活事务，然而我们在享受着网络带来的极大便利性的同时，也面临着许多潜在并且复杂的安全威胁。网络的迅速普及、黑客技术的迅速发展以及我们自身对网络安全的不够重视，都可能扩大这一安全威胁。现在我们将对网络安全的威胁来源做些基本了解。

（一）客观威胁

计算机是一个机器，因而它会受到自然灾害和温度、湿度等环境因素的影响。此外，还会受到计算机设备自身的老化等因素的影响。这些客观因素都会威胁网络安全。

（二）主观威胁

主观威胁包括前面我们提到的黑客的威胁。黑客们可以利用计算机相关知识和技能对网络进行攻击，而且这种攻击往往都带有目的性。此外，主观威胁还包括编程人员的疏忽造成的威胁。他们在设计和编辑网络软件时很难做到万无一失，有时会使得网络软件出现漏洞，这也会成为网络安全的潜在威胁。现如今，无论是个人、企业还是整个国家，对网络的依赖性越来越强，一旦出现网络安全事故，其产生的严重后果往往不是我们能够承受的。

我们来思考一个问题：你觉得网络安全跟自己的关系密切吗，还是说你觉得网络安全仅仅与相关工作人员有关？事实上，网络安全与我们每个人都有很大关系，因为它就在我们身边。2015 年，英国电信运营商手机仓库（Carphone Warehouse）被黑客入侵。据《华尔街日报》报道，约有 240 万个（约为英国人口的 4%）在线用户的个人信息遭到黑客入侵，其中包含加密的信用卡数据。这是多么危险的事情啊。对于手机仓库的用户来说，这就是发生在他们身边的事情，与他们息息相关。

常常有人说，生活在互联网时代的我们失去网络时就仿佛鱼儿离开水那样难受，那么我们就应该明白，失去网络安全，无异于把我们这些小鱼放入污水当中。生活在污水当中，对小鱼来说已经不再是难受，而是危险了。一个网络安全得不到保障的互联网世界，会是一个危险的世界。因此，在日常的网络使用中，我们应当提醒自己提高警惕，注意保护网络安全。

第二节　网络安全的重要性

网络安全的重要性、意义和作用主要体现在以下几个方面。

一、保护个人隐私安全

在互联网时代，人们的个人信息越来越容易被获取和利用。个人隐私得不到有效保护，可能导致身份被盗用、财产损失以及其他不可预知的风险。因此，采取有效的网络安全措施，包括使用安全密码、防火墙以及虚拟专用网络（Virtual Private Network，VPN）等工具是至关重要的。

二、保障国家安全和社会稳定

在信息化时代，网络攻击已经成为国家安全的一项重要威胁。黑客、网络病毒以及网络间谍活动可能导致国家机密信息泄露、关键基础设施遭到破坏，甚至引发军事冲突。因此，强化网络安全防御能力，构建国家网络安全体系，是维护国家安全和社会稳定的必然选择。

三、保护企业利益与商业机密

随着数字经济的发展，企业的商业机密成为黑客和竞争对手争相窃取的目标。

经济间谍活动的增多、商业机密的泄露可能使企业遭受巨大的经济损失甚至倒闭。加强网络安全防护，保护企业的信息资产与商业机密，对于推动经济发展和保障企业利益具有重要意义。

四、维护网络公共秩序

网络作为一个开放的信息平台，存在着大量传播不良信息和进行违法活动的风险，如网络诈骗、传播淫秽色情信息等。建立健全的网络安全法律法规体系，加强网络监管与处罚，对于维护网络公共秩序和推动网络文明发展具有重要意义。

五、保护网络基础设施安全

互联网的基础设施是网络安全的重要组成部分，包括服务器、路由器、数据中心等。一旦这些设施受到攻击或被破坏，将可能造成网络服务中断和信息泄露。因此，加强网络基础设施的安全保护，提升整个网络体系的防御能力，是至关重要的。

网络安全的重要性随着互联网的普及和发展而愈发凸显。保护个人隐私安全、维护国家安全和社会稳定、保护企业利益与商业机密、维护网络公共秩序以及保护网络基础设施的安全，都是网络安全意义重要的方面。只有加强网络安全技术研究、完善法律法规以及提高整个社会的网络安全意识，才能打造一个安全稳定、可持续发展的网络环境。

第三节　互联网的历史与发展

互联网的发展历史可以分为以下几个阶段。

一、科研计算机时代

提到计算机的历史首先要提到阿兰·麦席森·图灵（图 1-1），他参与了世界上最早的电子计算机的研制工作，并成功破解了战时密码通讯。图灵后期提出的自动计算机与约翰·冯·诺伊曼（图 1-2）的离散 Q 变量自动电子计算机都采用了二进制，以打破“内存储存程序以运行计算机”时的禁锢。

二、超大型计算机时代

20 世纪 50 年代后，计算机还只是军方和院方科研机构在使用。它们体积庞大，输入和输出都很缓慢。纵观这段计算机的发展史，从最早的拨盘输入到打孔带，再到效率极高的键盘和鼠标，每次技术的革新都是对这个庞然大物进行效率升级的过程。这个时代国际商业机器公司（International Business Machines

图 1–1　阿兰·麦席森·图灵

图 1–1　约翰·冯·诺伊曼

Corporation，IBM）拥有举足轻重的地位，几乎所有的计算机设备都出自 IBM 之手。

(一) 计算机发展历史进程

计算机发展历史进程见表 1–1。

表 1–1　计算机发展历史进程

历程	时间	设备	应用
第一代	1947—1957 年	电子管计算机时代	基础军事

续表

历程	时间	设备	应用
第二代	1958—1964 年	晶体管计算机时代	气象
第三代	1965—1971 年	中小规模集成电路计算机时代	大型企业
第四代	1972 年至现在	大规模、超大规模集成电路机时代	普通用户

（二）从本地局域网到远程局域网的实现

每个计算机都是独立的个体，个体与个体之间没有任何交互，只要完成各自的计算工作即可。但随着数据的增长和计算工作的交集，两个个体发生交互的需要产生了。TCP/IP 技术的产生是实现个体与个体之间数据交互的一种方式，多个个体之间的交互产生了局域网。而军方的技术在院方科研机构中普及，继而推动了一个互联网时代的开启。

当院方科研机构在局域网的环境中适应之后（多个院系共享电话通讯录或学术文档），另一个棘手的问题产生了。如何在多个院方科研机构之间共享同一份数据（美国东部和西部院方科研机构共享学术文档），是当时亟待解决的问题。通过依托电话线路传递特定的信号，联通远端院方共享数据的场景得以实现。

当然人类的欲望是无休无止的，肯定不会满足于现状，在数据共享场景实现之后，更加友好的交互体验问题是下个技术的突破口。

三、PC 时代

在 IBM 沉浸在行业巨头的荣耀之中的时候，个人电脑（PC）的时代悄然而至。巨人的身体笨拙，而新生的婴儿体型灵活。苹果和微软作为 PC 时代的领军人物，开辟了 PC 时代的疆土。

这个时代微软和苹果两大巨头始终处在 PC 行业的风口浪尖，如果单说 PC 的普及贡献，微软的贡献多过苹果（微软的操作系统可以移植不同厂商的 PC，而操作系统和 PC 捆绑的设定以及价格让苹果在这个时期只取悦了极少数人群）。既然需要普及就需要解决用户体验问题，也就是前面提到的交互问题。起初，人们只是在 PC 的黑色屏幕上输入对应的指令，去执行想要得到的结果。图形界面的出现是整个用户交互进程中的一个里程碑，不仅解决了操作问题，而且降低了用户的使用成本。虽然图形界面和鼠标都不是微软和苹果发明的产品，但是对于 PC 时代的人们，拥有一台自己的计算机就够了。

在微软忙于对操作系统升级和维护的时候，苹果的动荡为下个时代埋下了伏笔。

四、互联网时代

提起互联网就必须提到欧洲核子研究组织（Conseil Européen Pour la Recherche

Nucléaire, CERN）和蒂姆·伯纳斯·李。

（一）互联网诞生

蒂姆·伯纳斯·李在20世纪90年代开启了互联网时代。其中包括：超文本传输协议（Hyper Text Transfer Protocol, HTTP），“Enquire”高效局部存取浏览器，网状结构通信网络，以及超文本标记语言（Hyper Text Markup Language, HTML）——这项技术是IBM在20世纪60年代发明的标记文本的升级版。这里需要重点说明一下，蒂姆·伯纳斯·李当时使用的正是被苹果驱逐出去的史蒂文·乔布斯创立的Next公司的电脑产品。从PC时代动荡的苹果公司出走的史蒂文·乔布斯创造和发掘了很多振奋人心的东西，如Next电脑公司（后被苹果收购后创造了Macintosh，也就是现在的Mac电脑）、皮克斯动画工作室（后被迪士尼公司收购）等。

（二）互联网的超前构想

蒂姆·伯纳斯·李最初的设想不仅仅是实现院方科研机构之间的数据共享，他最终要实现的是所有PC之间的数据联通，并且人人都可以参与。这也因此造就了很多我们熟知的公司，其中就有以浏览器创造历史的网景。网景实际上发布的是一款可以实现文字和图片预览的浏览器。虽然那个时代的网速让人无比绝望，但是人们可以看到很多从未见过的事物，而且可以亲身参与其中。

当然技术的革新还有一个推动因素，那就是用户。在互联网发展的蓬勃时期，大批电商企业的成立，引发了用户对于用户体验的诸多诟病，这也是推动互联网技术革新（包括浏览器和WEB应用技术等）的开端。整个过程中，用户的参与从最初的浏览到简单的实现校验，再到对交互体验的升级，以及最后的性能要求都催生了后来很多前端业务。

五、移动互联网时代

移动互联网时代可以分为两个阶段：2007年前和2007年后。

2007年以前是通信技术相对落后的年代，来自日本的移动梦网是大多数移动互联网的前身，但是随着通信技术的变革，网速和带宽问题的解决为2007年后的互联网时代提供了无限可能。2007年以前的移动终端设备还是诺基亚的天下，塞班系统横行一时但最终功败垂成，将移动终端设备市场拱手让人。当然其中还包括摩托罗拉和黑莓，但它们都被后来的新生事物挤出了聚光灯下。

2007年重回苹果的乔布斯发布了第一代iPhone，标志着下一个移动互联网时代的开启。他带来了更加友好的浏览界面和更加快速的网络体验，同时带来了日后移动端适配的各种东西（包括APP）。

同年（2007年）11月由Googles领导的开放手持设备联盟（Open Handset Alliance, OHA）开始改良安卓系统（基于Liux四内核的开放源代码移动操作系统），并加入到智能手机市场的混战中。

iOS 和安卓阵营对于屏幕的执念催生了我们习以为常的屏占比概念，但是这仅仅是个开始，加上后来的手持平板电脑，一个多终端的移动互联网时代正式开始。

六、未来万物互联和人工智能

互联网未来是没有边界的，任何载体都能实现互联网的终端功能，无论是展示还是交互能力都超越现在的任何设备。大数据的产生实际上是互联网的副产品之一，人类过去所有时代的数据总和都比不上互联网时代产生的数据体量，信息的爆炸性增长催生了很多与之息息相关的领域，如大数据、区块链技术、人工智能等。大数据是为了实现用户信息利益最大化，区块链技术是为了解决数据溯源问题，人工智能是大数据的升级形态，通过大数据的智能分析实现用户行为的有效预测。

第四节　网络的基本构成要素

一、网络基本构成要素的硬件方面

（一）计算机（主机）

计算机（主机）是网络中的核心设备（图 1-3），承担业务处理和通信处理工作，可作为服务器或工作站。服务器是局域网的核心，运行网络操作系统，控制和协调终端之间的工作；工作站作为客户机，是用户访问网络共享资源的计算机。

图 1-3　台式电脑主机

（二）网络设备

（1）网卡（Network Interface Card）：使计算机能够联网的设备，是计算机与传输介质的接口。每台服务器和网络工作站至少配有一块网卡，通过传输介质连接到网络上。

（2）中继器（Repeater）：最简单的局域网延伸设备，主要作用是放大传输介质上传输的信号，以便使其在网络上传输得更远，从物理层上延长网络。

（3）集线器（Hub）：对网络进行集中管理的重要设备，主要作用是将信号再生转发，其实质是一个中继器。接口数是其一个重要参数，指集线器所能连接的计算机的数目。集线器是一个共享设备。

（4）网桥（Bridge）/2 层交换机：可以连接不同的局域网，也可以将一个大网分成多个子网，均衡各网段的负荷，从数据链路层上延长网络。

（5）路由器（Router）/3 层交换机：作用是连接局域网和广域网，有判断网络地址和选择路径的功能，主要工作是为经过路由器的报文寻找一条最佳路径，并将数据传送到目的站点，通过网络层转发数据分组（图 1-4）。

图 1-4　路由器

（6）4~7 层交换机：处理传输层以上各层网络传输的设备。

（7）网关（Gateway）：转换协议的设备。

（三）传输介质

（1）有线通信介质：包括双绞线、同轴电缆和光缆等，具有不同的传输速率和传输距离，分别支持不同的网络类型。

（2）无线通信介质：包括无线电、微波、卫星通信和移动通信等。

二、网络基本构成要素的软件方面

（一）网络操作系统

网络操作系统指支持网络通信的操作系统，是计算机网络的物质基础的一部分。

（二）网络协议

网络协议是通信的接口及方式等约定规则，如规定数据的格式、传输的顺序等，以确保网络中的设备能够正确地通信和交互。

（三）网络管理软件和网络应用、通信软件

网络管理软件和网络应用、通信软件用于管理网络、实现各种网络功能以及用户之间的通信和数据交互等，如网络资源管理、网络监控、邮件客户端、即时通信软件等，是构建网络不可或缺的部分。

三、网络基本构成要素的其他方面

（一）用户（终端设备）

用户是网络的使用者，通过终端设备接入网络。终端设备用于输入输出、线路连接、传输控制、存储处理信息等，在局域网中，终端通常是微型计算机（工作站），用户可借此共享网络资源。

（二）通信处理机

通信处理机是安装在终端和主机之间的通信控制处理设备，用于分担数据交换和各种通信的控制和管理任务。

（三）本地线路

本地线路是将终端与节点服务器连接起来的线路，其中可能包括集中器或多路器等设备。

第五节 常见的网络攻击手段

通过对常见的网络攻击手段进行分类，我们可以针对不同的攻击类型采取相应的安全防护措施。

一、口令窃取

进入一台计算机最容易的方法就是采用口令登录。只要在许可的登录次数范围内输入正确的口令，就可以成功地登录系统。

虽然利用系统缺陷破坏网络系统是可行的，但这不是最容易的办法。最容易的办法是通过窃取用户的口令进入系统。事实上，很大比例的系统入侵是由口令系统失效造成的。

口令系统失效的原因有多种，但最常见的原因是人们倾向于选择很糟糕的口令作为登录密码。反复研究的结果表明：口令猜测很容易成功。但并不是说所有人都采用了很差的口令，对于黑客来说，只要给他一次机会就可以得手。

口令猜测攻击有以下三种基本方式：

第一种方式是利用已知或假定的口令尝试登录。虽然这种登录尝试需要反复进行十几次甚至更多，但往往会取得成功。一旦攻击者成功登录，网络的主要防线就会崩溃。很少有操作系统能够抵御从内部发起的攻击。

第二种方式是根据窃取的口令文件进行猜测（如 UNIX 系统中的/etc/passwd 文件）。这些口令文件有的是从已经被攻破的系统中窃取的，有的是从未被攻破的系统中获得的。由于用户习惯重复使用同一口令，当黑客得到这些文件后，就会尝试用其登录其他机器。这种攻击称为“字典攻击”，通常十分奏效。

第三种方式是窃听某次合法终端之间的会话，并记录所使用的口令。采用这种方式，不管用户的口令设计得有多好，其系统都会遭到破坏。

通过以上讨论可以得出结论：在选择好的口令方面，加强对用户的培训是非常重要的。大多数人习惯选择简单的口令。虽然人们也试图选用难以猜测的口令，但收效不大。据统计，攻击者如果掌握一本小“字典”，他就有 20%的机会进入系统，况且现在可以获得的“字典”很多，内容多的可以达到几十兆字节。“字典”里几乎包括所有单词和短语，还有各种个人信息，如电话号码、地址、生日、作家名字等。

如果无法阻止选择低级的口令，那么对口令文件进行严格保护就变得非常关键。要做到这点，就必须进行以下操作：

（1）对某些服务的安全属性进行认真配置，如 SUN 操作系统中的 NIS 服务。

（2）对可以使用 tftpd 协议获得的文件加以限制。

（3）避免将真正的/etc/passwd 文件放在匿名 FTP 区。

某些 UNIX 系统提供了对合法用户的口令进行杂凑计算并将该杂凑值进行隐藏的功能。杂凑后的口令文件称为“影子”或“附属”口令文件。我们强烈建议充分利用系统的这一功能。除了 UNIX 系统之外，还有很多系统也具备对口令进行杂凑和隐藏的功能。

要彻底解决使用口令的弊端，就要完全放弃使用口令机制，转而使用基于令牌（Token-based）的机制。如果暂时还不能做到，起码要使用一次性口令方案，如 OTP（One Time Password）。

二、欺骗攻击

黑客的另外一种攻击方式是采用欺骗的方式获取登录权限。泄密通常发生在打电话和聊天的过程中。请看 Thompson 与网络管理员的一段谈话：

“This is Thompson. Someone called me about a problem with the is command. He'd like me to fix it.”

“Oh, OK. What should I do?”

“Just change the password on my login on your machine; it's been a while since I've used it.”

“No problem.”

从上面的谈话可以看出，Thompson 欺骗网络管理员改变口令，使他能够成功登录到其计算机上。还有其他的欺骗方式，如利用邮件欺骗。请看攻击者发出的这封邮件：

From：smb@ research. att. com

To：admin@ research. att. com

Subject：Visitor

We have a visitor coming next week. Could you ask for your SA to add a Login for her? Here's her passwd line；use the same hashed password.

Pxf：5bHD/k5k2mtTTs：2403：147：Pat：/home/pat：/bin/sh

注意，这封邮件明显带有欺骗性。如果 Pat 是一个来访者，她不会将家里的机器口令拿到外面使用。因此，在没有搞清对方的真正意图之前，就不能随意采取行动。当你收到一个朋友的电子邮件，声称："sulfnbk. exe 是一个病毒文件，必须删除。请转告你的朋友。"这种电子邮件很可能就是一个骗局。如果你照此去做，你的系统就会中毒并遭到破坏。不幸的是，很多人会上当，因为这个邮件毕竟是自己的朋友发来的。

三、缺陷和后门攻击

网络蠕虫传播的方式之一是向 finger 守护程序（Daemon）发送新的代码。显然，该守护程序并不希望收到这些代码，但在协议中没有限制接收这些代码的机制。守护程序的确可以发出一个 gets 呼叫，但并没有指定最大的缓冲区长度。蠕虫向"读"缓冲区内注入大量的数据，直到将 gets 堆栈中的返回地址覆盖。当守护程序中的子程序返回时，就会转而执行入侵者写入的代码。

缓冲器溢出攻击也称为"堆栈粉碎"（Stack Smashing）攻击。这是攻击者常采用的一种扰乱程序的攻击方法。长期以来，人们试图通过改进设计来消除缓冲器溢出缺陷。其中，有些计算机语言在设计时就尽可能不让攻击者做到这点，有些硬件系统也尽量不在堆栈上执行代码。此外，还有一些 C 编译器和库函数也使用了许多对付缓冲器溢出攻击的方法。

所谓缺陷（Flaws），就是指程序中的某些代码并不能满足特定的要求。尽管一些程序缺陷已经由厂家逐步解决，但是一些常见问题依然存在。最佳的解决办法就是在编写软件时，力求做到准确、无误。然而，软件上的缺陷有时是很难避免的，这正是今天的软件中存在那么多缺陷的原因。

Morris 蠕虫及其许多现代变种给我们的教训极为深刻，其中最重要的一点是：缺陷导致的后果并不局限于产生不良的效果或造成某一特定服务的混乱，更可怕的是因为某一部分代码的错误而导致整个系统的瘫痪。当然，没有人有意要编写带有缺陷的代码。只要采取相应的步骤，我们可以降低其发生的可能性。

（1）在编写网络服务器软件时，要充分考虑如何防止黑客的攻击行为，要检验所有输入数据的正确性。如果程序中使用了固定长度的缓冲器，要确保这些缓冲器不会产生溢出。如果使用了动态分配存储区的方法，要考虑内存或文件系统的占用情况，同时还要考虑到在系统恢复时也要占用内存和磁盘空间。

（2）必须对输入语法做出正确的定义。如果不能真正理解“正确”这两个字的含义，就不能做出正确性检查。如果不知道什么是合法的，就无法写出输入语法。有时，对于语法正确性的检查需要借助某些编译工具。

（3）必须遵守“最小特权”原则。不要给网络守护程序授予任何超出其需要的权限。特别在设置防火墙的访问控制规则时，轻易不要授予用户超级用户权限。例如，我们会给本地邮件转发系统的某些模块授予一定的特权，使其能将用户发送的信息复制到另外一个用户的邮箱里。而对于网关上的邮件服务器，我们通常不设置任何特权，它所做的事情仅局限于将邮件从一个网络端口复制到另一个网络端口。

如果进行恰当的设计，即使是那些好像需要授权的服务器，也不再需要授权。例如，UNIX 的 FTP 服务器，允许用户使用 root 权限登录，并能够绑定到 20 端口的数据通道上。对于 20 端口绑定是协议的要求，但我们可以采用一个更小的、更简单的和更明确的授权程序来做这件事。同样，登录问题也可以由一个前端软件来解决。该前端软件仅处理 USER 和 PASS 命令，放弃授权要求，并执行无特权程序。

最后需要指出，不要为了追求效率而牺牲了对程序正确性的检查。如果仅仅为了节约几纳秒的执行时间而将程序设计得既复杂又别出心裁，并且需要特权，那么你就错了。现在的计算机硬件速度越来越高，节约的这点时间毫无价值。一旦出现安全问题，在清除入侵上所花费的时间和付出的代价将是巨大的。

四、认证失效

许多攻击的成功都可归结于认证机制的失效。即使一个安全机制再好，也存在遭受攻击的可能性。例如，一个源地址有效性的验证机制，在某些应用场合（如有防火墙地址过滤时）能够发挥作用，但是黑客可以使用 rpcbind 重发某些请求。在这种情况下，最终的服务器就会被欺骗。对于这些服务器来说，这些消息看起来好像源于本地，但实际上来自其他地方。

如果源机器是不可信的，基于地址的认证也会失效。虽然人们可以采用口令机制来控制自己的计算机，但是口令失窃也是常见的事情。

某些认证机制失效是因为协议没有携带正确的信息。TCP 和 IP 协议都不能识别发送用户。X11 和 rsh 协议要么靠自己去获得这些信息，要么就没有这些信息。如果它们能够得到信息，也必须以安全的方式通过网络传送这些信息。

即使对源主机或用户采用密码认证的方式，往往也不能奏效。如前所述，一个被破坏的主机不会进行安全加密。

窃听者可以很容易地从未加密的会话中获得明文的口令，有时也可能对某些一次口令方案发起攻击。对于一个好的认证方案来说，下次登录必须具有唯一的有效口令。有时攻击者会将自己置于客户机和服务器中间，它仅仅转发服务器对客户机发出的“挑战”（Challenge，实际上为一随机数），并从客户机获得一个正确的“响应”。此时，攻击者可以通过此“响应”信息登录到服务器上。有关此类攻击可参见相关文献。

通过修改认证方案消除其缺陷，我们完全可以抵御这种类型的攻击。基于“挑战/响应”（Challenge/Response）的认证机制完全可以通过精心设计的安全密码协议来消除这种攻击的威胁。

五、协议缺陷

前面讨论的是在系统完全正常工作的情况下发生的攻击。但是，有些认证协议本身就有安全缺陷，这些缺陷的存在会直接导致攻击的发生。

例如，攻击者可对 TCP 发起序列号攻击。由于在建立连接时所生成的初始序列号的随机性不够，攻击者很可能发起源地址欺骗攻击。为了做到公平，TCP 的序列号在设计时并没有考虑抵御恶意的攻击。其他基于序列号认证的协议也可能遭受同样的攻击。这样的协议有很多，如 DNS 和许多基于 RPC 的协议。

在密码学上，如何发现协议中存在的安全漏洞是非常重要的研究课题。有时错误是由协议的设计者无意造成的，但更多的安全漏洞是由不同的安全假设所引发的。对密码协议的安全性进行证明非常困难，人们正在加强这方面的研究工作。现在，各种学术刊物、安全公司网站和操作系统开发商经常公布一些新发现的安全漏洞，我们必须对此加以重视。

安全协议取决于安全的基础。例如，安全壳协议（Secure Shell，SSH）是一个安全的远程存取协议。SSH 协议具有这样一个特点：用户可以指定一个可信的公钥，并将其存储于 authorized keys 文件中。如果客户机知道相应的私钥，该用户不用输入口令就能登录。在 UNIX 系统中，该文件通常位于用户主目录下的 . ssh 目录中。现在来考虑这样一种情况：有人使用 SSH 登录到某个加载了 NFS 主目录的主机上。在这种情况下，攻击者就可以欺骗 NFS 将一个伪造的 authorized keys 文件注入其主目录中。

802. 11 无线数据通信标准中的有线等效保密（Wired Equivalent Privacy，WEP）协议在设计上也存在缺陷。目前，针对 WEP 协议的攻击软件在网络上随处可见。这一切说明，真正的安全是很难做到的。工程师在设计密码协议时，应当多向密码学家咨询，而不是随意地进行设计。信息安全对人的技术素质要求非常高，没有进行专业学习和受过专门培训的人员很难胜任此项工作。

六、信息泄露

许多协议会丢失一些信息，这就给那些想要使用该服务的攻击者提供了可乘之机。这些信息可能成为商业间谍窃取的目标，攻击者也可借助这些信息攻破系统，比如 Finger 协议。这些信息除了可以用于口令猜测之外，还可以用来进行欺骗攻击。

有时，电话号码和办公室的房间号也可能很有用。我们可以根据电话号码本推理出该组织的结构。

某些公司的网站往往提供了在线的电话号码查询。其实，公司的这些电话号码信息也应该是保密的。因为，当猎头们需要某些具有专业技能的人员时，他们可以根据这些信息打电话找到他们想要的专业人才。

另一个丰富的数据来源是 DNS。在这里，黑客可以获得从公司的组织结构到目标用户的非常有价值的数据。要控制数据的流出是非常困难的，唯一的办法是对外部可见的 DNS 加以限制，使其仅提供网关机器的地址列表。

精明的黑客当然深谙其理，他根本不需要你说出有哪些机器存在。他只需进行端口号和地址空间扫描，就可寻找感兴趣的服务和隐藏的主机。这里，对 DNS 进行保护的最佳防护措施是使用防火墙。如果黑客不能向某一主机发送数据包，他也就不能侵入该主机并获取有价值的信息。

七、指数攻击——病毒和蠕虫

指数攻击能够使用程序快速复制并传播攻击。当程序自行传播时，这些程序称为蠕虫（Worms）；当它们依附于其他程序传播时，这些程序就叫作病毒。它们传播的数学模型是相似的，因而两者之间的区别并不重要。这些程序的流行传播与生物感染病毒非常相似。

这些程序利用在很多系统或用户中普遍存在的缺陷和不良行为获得成功。它们可以在几个小时或几分钟之内扩散到全世界，从而使许多机构蒙受巨大损失。Melissa 蠕虫能够阻塞基于微软软件的电子邮件系统达 5 天之久。各种各样的蠕虫给互联网造成巨大的负担。这些程序本身更倾向于攻击随机的目标，而不针对特定的个人或机构。但是，它们所携带的某些代码却可能对那些著名的政治目标或商业目标发起攻击。

有许多方法可以减少感染病毒的概率，最基本的方法是不使用流行的软件。如果采用自行编写的操作系统或应用程序，就不太可能受到感染。目前，针对微软的视窗操作系统的病毒有很多，但 Macintosh 和 UNIX 用户却很少受到病毒感染。现在这种情况正在发生变化，尤其是针对 Linux 的攻击越来越多。我们已发现 Linux 蠕虫和一些交叉平台的蠕虫能够通过几种平台进行传播，或者通过直接网络访问、网页浏览和电子邮件进行传播。

如果不与受感染的主机通信，就不会感染病毒。通过对网络访问和从外部获得的文件进行严格的控制，就会大大地降低遭受感染的风险。需要引起注意的是，有些病毒是经人工传播的。有人会将消息转发给他的所有朋友，并指示他们将此信息再转发给他们的所有朋友，以此类推。从而那些缺乏计算机知识的用户就会照此去做，这样接收到这一消息的用户就会受到感染。在某些情况下，这些消息往往指示你删除某个关键的文件。如果真的照此去做，你的计算机就会受到损害。

对于已知的计算机病毒，采用流行的查杀病毒软件来清除非常有效。但是这些软件必须经常升级，因为病毒的制造者和杀毒软件厂商之间正进行着一场较量。现在，病毒隐藏的隐蔽性越来越高，使得杀毒软件不再局限于在可执行代码中寻找某些字符串。因此，它们必须能够仿效这些代码并寻找滤过性病毒的行为特征。由于病毒越来越难以发现，病毒检测软件就不得不花更多的时间来检查每个文件，有时所花费的时间会很长。病毒的制造者可能会巧妙地设计代码，使杀毒软件在一定的时间内不能识别出来。

八、拒绝服务攻击

在前面讨论的攻击方式中，大多数是基于协议的弱点、服务器软件的缺陷和人为因素而实施的。拒绝服务（Denial of Service，DOS）攻击则与之不同，它们仅仅过度使用服务，使软件、硬件过度运行，使网络连接超出其容量。其目的是造成自动关机或系统瘫痪，或者降低服务质量。这种攻击通常不会造成文件删除或数据丢失，因此是一种比较温和的攻击。

这类攻击往往比较明显，较容易发现。例如，关闭一个服务很容易被检测到。尽管攻击很容易暴露，但要找到攻击的源头却十分困难。这类攻击往往生成伪装的数据包，其中含有随机和无效的返回地址。

分布式拒绝服务（Distributed Denial of Service，DDOS）攻击使用很多主机，同时向某个目标发起攻击。通常，参与攻击的主机却不明不白地成为攻击者的帮凶。这些主机可能已经被攻击者攻破，或者安装了恶意的代码。DDOS 攻击通常难以恢复，因为攻击有可能来自世界各地。

目前，由于黑客采用 DDOS 攻击成功地攻击了几个著名的网站，如 Yahoo、微软等，它已经引起全世界的广泛关注。DDOS 其实是 DOS 攻击的一种，特别之处在于它能够使用许多台计算机通过网络同时对某个网站发起攻击。它们的工作原理如下：

（1）黑客通过互联网将木马程序植入尽可能多的计算机上，这些计算机分布在全世界不同的区域。被植入的木马程序绑定在计算机的某个端口上，等待接受攻击命令。

（2）攻击者在互联网的某个地方安装一个主控程序，该主控程序中含有一个木马程序所处位置的列表。此后，主控程序等待黑客发出命令。

（3）攻击者等待时机，做好攻击命令前的准备。

（4）等攻击的时机一到，攻击者就会向主控程序发出一个消息，其中包括要攻击的目标地址。主控程序就会向每个植入木马程序的计算机发送攻击命令，这个命令中包含攻击目标的地址。

（5）这些木马程序立即向攻击目标发送大量的数据包。数据包的数量巨大，足以使其瘫痪。

从主控程序向下发出的攻击命令通常使用伪装的源地址，有些则采用密码技术使其难以识别。植入木马程序的计算机发出的数据包也使用了伪装的 IP 源地址，要想追查数据包的来源非常困难。此外，主控程序常常使用 ICMP（Internet Control Message Protocol）响应机制与攻击目标通信。许多防火墙开放了 ICMP 协议。

现在网络上流行许多 DDOS 攻击工具，还有它们的许多变种。其中之一是 Tribe Flood Network（TFN）。从许多网站上都可以获得其源代码。黑客可以选择使用各种 Flood 技术，如 UDP Flood、TCP SYN Flood、ICMP 响应 Flood、Smurf 攻击等。从主控程序返回的 ICMP 响应数据包会告诉木马程序采用哪一种 Flood 攻击方式。此外，还有其他 DDOS 工具，如 TFN2K（比 TFN 更先进的工具，可以攻击 Windows NT 和许多 UNIX 系统）、Trinoo 和 Stacheldraht 等。最后一个工具十分先进，它具有加密连接和自动升级的特征。

现在一些新的工具越来越高明。Slapper 是一个攻击 Linux 系统的蠕虫，它可以在许多网络节点中间建立实体到实体（Peer-to-peer）的网络，使主控程序的通信问题变得更容易。还有一些工具则使用 IRC 信道作为控制通道。

对于拒绝服务攻击，没有什么灵丹妙药，我们只能采取一些措施减轻攻击的强度，但绝对不可能完全消除它们。遇到这种攻击时，可以采取以下四种办法来进行处理：

（1）寻找一种方法来过滤掉这些不良的数据包。

（2）提高对接收数据进行处理的能力。

（3）追查并关闭那些发动攻击的站点。

（4）增加硬件设备或提高网络容量，以从容处理正常的负载和攻击数据流量。

当然，以上这些措施都不是完美的，只能与攻击者展开较量。到底谁能取得这场斗争的胜利，取决于对手能够走多远。

第六节　网络安全法律法规概览

几十年来，中国在信息化方面的成绩显著，但是在网络安全领域与发达国家还有很大的距离，其中一个重要原因是中国在这方面的法律存在空白，互联网领域还处于无法可依、有法不依、执法不严甚至违法不究的状态。要实现网络大国到网络强国的转变，比起发展网络技术，尽快地制定网络安全方面的法律法规才是网络管控的好办法。

一、国外网络安全法律法规简介

国际正反两方面的经验表明，维护社会网络安全、保障公民信息安全，都离不开依法管控，信息技术发达的国家均高度重视这一点。美国历届政府都对网络安全管控不遗余力，一方面千方百计防止黑客对其网络系统的攻击，防止不符合美国利益的网络内容外泄；另一方面通过立法，为美国政府情报部门和执法机关获取利益关联的网络信息提供法律依据。

1994 年，美国国会通过《法律执行通信协助法案》，以保证对电话、宽带互联网等的实时监视。2001 年“9・11”恐怖袭击事件发生后，美国国会制定《爱国者法案》和《国土安全法》，修改 1978 年《外国情报监视法案》，允许政府特定机构运用特定信息系统，监视特定范围内的信息流动及用户活动。荷兰立法要求所有电信公司必须安装“网络警察”监控设备，以便有效追踪实施犯罪的互联网用户。

（一）国际合作立法打击网络犯罪

20 世纪 90 年代以来，很多国家为了有效打击利用计算机网络进行的各种违法犯罪活动，采取了法律手段，颁布了信息技术法、计算机反欺诈与滥用法等。

（二）禁止破解数字化技术保护措施的法律

1996 年 12 月，世界知识产权组织做出了“禁止擅自破解他人数字化技术保护措施”的规定。日本、美国等国家将其作为一种网络安全保护规定，纳入本国法律。

（三）与“入世”有关的网络法律

1996 年 12 月联合国第 51 次大会通过了联合国贸易法委员会的《电子商务示范法》，对于网络市场中的数据电文、网上合同成立及生效的条件，传输等专项领域的电子商务等，做了十分明确具体的规范。1998 年 7 月新加坡的《电子交易法》出台。

1999 年 12 月世贸组织西雅图外交会议上，制定“电子商务规范”成为一个主要议题。

（四）民间管理、行业自律及道德规范

1. 民间管理

在许多国家，民间组织在网络安全管理中扮演着重要角色。这些组织通常由政府指导或支持，但具有独立运作的能力，致力推动网络安全知识的普及、网络

安全事件的应对以及网络安全技术的研发。例如，一些网络安全协会或联盟会定期发布网络安全指南和最佳实践，帮助企业和个人提高网络安全防护能力。此外，这些组织还可能参与网络安全事件的应急响应和协调工作，为受害者提供援助，并协助政府进行网络安全监管。

2. 行业自律

行业自律是网络安全管理中的重要一环。各行业根据自身特点和需求，制定并执行一系列网络安全标准和规范，以确保行业内企业和个人的网络安全。这些标准和规范可能涵盖数据加密、访问控制、用户身份验证等多个方面。通过行业自律，企业可以在保护用户数据和信息安全的同时，维护自身的商业利益和声誉。此外，行业自律还有助于促进行业内企业之间的合作与交流，共同应对网络安全挑战。

3. 道德规范

道德规范在网络安全领域同样具有重要地位。网络安全不仅关乎技术层面的问题，更涉及人与人之间的信任和尊重。因此，制定并执行一套明确的网络安全道德规范至关重要。这些道德规范可能包括保护用户隐私、不从事网络攻击行为、尊重知识产权等方面的要求。通过倡导和践行这些道德规范，可以引导企业和个人树立正确的网络安全观念，共同维护网络空间的健康与秩序。

综上所述，民间管理、行业自律及道德规范在国外网络安全法律法规体系中发挥着重要作用。它们与政府层面的法律规制相辅相成，共同构成了保障网络安全与秩序的坚实防线。然而，不同国家的网络安全法律法规体系存在差异，因此在借鉴国外经验时，需要结合本国实际情况进行适当调整和完善。

二、我国网络安全法律法规简介

从 20 世纪 90 年代初开始，我国及相关部门、行业和地方政府相继制定了多项有关网络安全的法律法规。

我国网络安全立法体系分为以下四个层面：

第一层面：法律，为全国人民代表大会及其常委会通过的法律规范。

第二层面：行政法规，主要指国务院为执行宪法和法律而制定的法律规范。

第三层面：地方性法规。

第四层面：行政规章及其他规范性文件。

例如，公安部制定的《计算机信息系统安全专用产品检测和销售许可证管理办法》《计算机病毒防治管理办法》《金融机构计算机信息系统安全保护工作暂行规定》《关于开展计算机安全员培训工作的通知》等；工业和信息化部制定的《软件产品管理办法》《国际通信出入口局管理办法》《国际通信设施建设管理规定》《中国互联网络域名管理办法》《电信网间互联管理暂行规定》等。

（一）我国现有网络安全法律分类

我国如今是一个运用互联网的大国，网络在我国迅速地发展，同时也加快了国家对网络信息安全进行立法保障的进程。

（1）我国有些法律法规没有专门对网络行为进行规范，但是它所规范和约束的对象中包括危害网络信息安全的行为。例如，在《中华人民共和国宪法》《中华人民共和国刑法》《中华人民共和国国家安全法》《中华人民共和国治安管理处罚法》《中华人民共和国保守国家秘密法》《中华人民共和国著作权法》《中华人民共和国专利法》《中华人民共和国消费者权益保护法》等都有涉及。

（2）规范和惩罚网络犯罪的法律，如我国全国人大常委会通过的《关于维护互联网安全的决定》。

（3）直接针对计算机信息网络安全的特别规定，如《中华人民共和国电子签名法》、国务院颁布的《中华人民共和国计算机信息系统安全保护条例》《计算机信息网络国际联网安全保护管理办法》 《中华人民共和国计算机软件保护条例》等。

（4）具体规范信息网络安全技术、信息网络安全管理等方面的规定和法律，主要有《商用密码管理条例》《计算机病毒防治管理办法》《计算机信息系统保密管理暂行规定》《计算机信息系统国际联网保密管理规定》《电子出版物管理规定》《金融机构计算机信息系统安全保护工作暂行规定》等。

（5）信息网络安全保障制度，主要有计算机信息系统安全等级保护制度、计算机信息系统国际联网备案制度、安全专用产品销售许可证制度、计算机案件强行报案制度、计算机信息系统使用单位安全负责制度、计算机病毒专营制度、商用密码管理制度、互联网信息服务安全管理制度、电信安全管理制度、信息安全检测，还有评估和认证安全监督管理制度、计算机信息媒体进出境申报制度等。

（二）中国政府对国内网站实行审查的具体法律、法规和规章依据一览

1994 年 2 月 18 日，颁布《计算机信息系统安全保护条例》。

1996 年 2 月 1 日，颁布《计算机信息网络国际联网管理暂行规定》。

1997 年 12 月 30 日，颁布《计算机信息网络国际联网安全保护管理办法》。

2000 年 1 月 1 日，颁布《计算机信息网络国际联网保密管理规定》。

2000 年 9 月 25 日，颁布《互联网信息服务管理办法》。

2000 年 11 月 6 日，颁布《互联网电子公告服务管理规定》。

2000 年 11 月 7 日，颁布《互联网站从事登载新闻业务管理暂行规定》。

2000 年 11 月 9 日，颁布《关于互联网中文域名管理的通告》。

2000 年 12 月 28 日，颁布《全国人大常委会关于维护互联网安全的决定》。

2002 年 3 月 26 日，颁布《中国互联网行业自律公约》。

2002 年 6 月 27 日，颁布《互联网出版管理暂行规定》。

2002 年 9 月 29 日，颁布《互联网上网服务营业场所管理条例》。

2003 年 5 月 10 日，颁布《互联网文化管理暂行规定》。

2004 年 6 月 10 日，颁布《互联网站禁止传播淫秽、色情等不良信息自律规范》。

2005 年 2 月 8 日，颁布《互联网 IP 地址备案管理办法》。

2005 年 2 月 8 日，颁布《非经营性互联网信息服务备案管理办法》。

2005 年 4 月 29 日，颁布《互联网著作权行政保护办法》。

2005 年 7 月 12 日，颁布《关于网络游戏发展和管理的若干意见》。

2010 年 2 月 2 日，颁布《最高人民法院、最高人民检察院关于办理利用互联网、移动通信终端、声讯台制作、复制、出版、贩卖、传播淫秽电子信息刑事案件具体应用法律若干问题的解释》。

2010 年 7 月 1 日，颁布《中华人民共和国侵权责任法》。

2014 年 3 月 1 日，颁布《中华人民共和国保守国家秘密法实施条例》。

2014 年 3 月 31 日，颁布《工业和信息化部关于做好取消计算机信息系统集成企业资质认定等行政审批相关工作的通知》。

三、网络安全面临的问题及建议

（一）我国现有网络安全法律存在的问题

（1）我国现行的涉及网络安全的法律法规数量多，但层次不足。在制定法律规章的过程中，由于缺乏纵向的统筹考虑和横向的有效协调，出台的规章虽然数量不少但内容重复交叉。这种现状一方面造成部门间更多的职能交叉；另一方面在一定程度上造成了法律资源的严重浪费。法律法规的欠缺、规章的混乱，常常造成这样一种奇怪的现象：对网络违法行为，要么无人管，要么争着管。

（2）我国的网络信息安全法律法规结构比较单一，难以适应网络信息技术发展的需要和日益严重的网络信息安全问题。我国现行的网络安全法律法规多数是保护条例、管理办法，缺少系统规范网络行为的基本法律，如信息安全法、网络犯罪法、电子信息出版法、电子信息个人隐私法等。同时，我国的法律更多地使用了综合性的禁止性条款，如《中华人民共和国计算机信息系统安全保护条例》第七条规定“任何组织或者个人，不得利用计算机信息系统从事危害国家利益、集体利益和公民合法利益的活动，不得危害计算机信息系统的安全”，而没有具体的许可性条款和禁止性条款。这种笼统的立法方式往往难以适应信息网络技术的发展和越来越多的信息网络安全问题。

（3）我国的安全法律法规有许多难以同传统的法律原则、法律规范协调的地方。比如，《中华人民共和国行政处罚法》第十三条规定，国务院部门规章可以在法律、行政法规规定的给予行政处罚的行为、种类和幅度范围内作出具体规定。

尚未制定法律、行政法规的，国务院部门规章对违反行政管理秩序的行为，可以设定警告、通报批评或者一定数额罚款的行政处罚。在我国现有相关法律、行政法规中，均未设定没收从事违法经营活动的全部设备的处罚，但依据这些行政法规制定的《互联网上网服务营业场所管理条例》的第十四条，却设定了没收从事违法经营活动的全部设备的处罚种类，显然这个处罚的设定与相关法规有矛盾之处。

(4) 我国的网络信息安全法律法规中存在难以操作的现象。为了规范网络上的行为，公安部、信息产业部、国家保密局、教育部、新闻出版署、中国证监会、国家广播电影电视总局、国家药品监督管理局、原国务院信息化工作领导小组等都制定了涉及网络的管理规定。此外，还有许多相关的地方性法规。由于没有法律的统一协调，常常出现同一行为有多个行政处罚主体、处罚幅度不尽一致、行政审批部门及审批事项多等现象，这就给法律法规的实际操作带来了诸多难题。

（二）加强我国网络信息安全立法的建议

(1) 从法律法规上明确网络信息安全的管理体制。制定专门的网络信息安全法，对网络信息安全设立专门的规定，规定网络信息安全的目的、原则，协调管理机构及其职责、与其相关部门的联系、各相关部门的职责与分工。在以此制定的法律中，对网络信息安全的内容做出规定，如对信息安全等级保护制度、网络信任体系制度、信息安全监控体系制度、信息安全应急处理制度、标准化建设制度以及信息安全技术研发、人才培养、信息安全宣传教育、资金安全保障等方面做出规定。

(2) 加强网络信息安全配套法律体系建设。目前，我国涉及网络信息安全的法律、法规、规章及地方性规定已有60多项，但随着发展，相关的法律规范要根据实际变化进行制定、补充、修改，以适应新的实际情况，既要对传统法律分类做出补充，又要对网络信息安全特有的新情况进行规定。要打破部门界限，对各种规定进行梳理，要在信息保护、信用管理、电子交易、市场准入、隐私权保护（特别对于“人肉搜索”也要加强立法管制）等方面重点加强规范。

(3) 加强技术标准层面立法，把技术标准规范上升为法律规定，把网络技术手段和管理手段结合起来。网络信息安全保护不能脱离信息网络的本身，网络信息的安全应该以网络技术防范为基础和关键，以法律保护为治理手段。通过信息安全标准体系和信息安全风险评估规范标准体系确保信息系统和数据的机密性、完整性和可用性。

(4) 加强网络信息安全的监管。网络社会要做到有法必依，必须加强网络安全秩序的监管，对合法行为给予充分保护，对违法者予以限制和惩罚。建立网络技术监测执法平台，严格执法；既要统一规划和协调，又要发挥各部门的作用，使各部门履行其职责，把网络信息安全监管和网络执法有机结合起来。

总之，随着科学技术的发展，尤其是信息技术和网络技术的发展，人们的生活正发生着日新月异的变化，网络信息安全成为信息时代的关键，呈现出与以往的很多不同的特点，法律和道德都是保护安全信息不可缺少的有效手段。综合、全面、有效地控制网络侵权行为是新的研究课题，需要社会各界共同努力。

第七节　青少年在网络安全中的角色

一、青少年作为网络主力军的重要性

青少年不仅是网络文化的消费者，更是网络文化的创造者和传播者。随着互联网的普及，青少年的成长过程越来越离不开网络。他们利用网络获取知识、娱乐、社交，同时也面临着网络安全的挑战。因此，青少年在网络安全中的角色至关重要。

二、青少年在网络安全中的责任

青少年在网络安全中扮演着双重角色：既是潜在的受害者，也是重要的守护者。由于青少年对新技术的接受度高，他们往往比成年人更容易接触到最新的网络应用和平台，但也更容易成为网络诈骗、信息泄露等网络安全问题的目标。因此，培养青少年的网络安全意识和技能，使其能够识别和应对网络威胁，是保障其健康成长的关键。

三、青少年如何参与网络安全

（一）提高网络安全意识

青少年应该了解基本的网络安全知识，如保护个人信息、防范网络诈骗、识别虚假信息等。通过教育和培训，青少年可以学会如何在网络上保护自己，避免成为网络犯罪的受害者。

（二）主动参与网络安全

青少年不仅应该是网络安全的受益者，还应该是网络安全的积极参与者。他们可以通过举报网络违法行为、参与网络安全宣传活动等方式，为构建安全的网络环境做出贡献。此外，青少年还可以通过学习网络安全知识和技术，成为未来的网络安全专业人才，为国家和社会的网络安全事业贡献力量。

四、青少年网络安全教育的重要性

针对青少年的网络安全教育是预防网络犯罪、保护青少年健康成长的重要措施。学校、家庭和社会应共同努力，通过开设网络安全课程、举办网络安全讲座、

开展网络安全实践活动等多种形式，提高青少年的网络安全意识和能力。

青少年在网络安全中扮演着不可或缺的角色。他们既是网络行为的主力军，也是网络安全的守护者。通过提高网络安全意识、主动参与网络安全活动和接受网络安全教育，青少年可以在享受网络带来便利的同时，有效防范网络风险，为构建安全、健康的网络环境贡献力量。

第二章　网络危害识别与防范

第一节　网络欺凌的形式与影响

一、什么是网络欺凌

网络欺凌，又称网上欺凌，是利用数字技术进行的欺凌行为，即通过社交媒体、即时通信平台、游戏平台和手机等，以恐吓、激怒或羞辱他人为目的的重复行为。

这一现象在青少年中多有发生。随着社交网站的盛行，网络欺凌成为越来越严重的社会问题。这种现象会给人造成巨大的心理伤害，影响人的健康发展和成长。

虚拟网络世界已经取代校园，成为一些人欺凌其他人的空间，而且容易避开监护人、执法人员、社会人士的视线范围，甚至难以受到法律的制裁。

网上欺凌的严重性绝对不能低估，曾发生多宗儿童因在网上受到羞辱而患上抑郁症，甚至自毁生命的事件。一家非营利安全和教育组织（WiredSafety. org）在 2004 年所做的一项调查显示，有一半的孩子曾遭到过网络欺凌，而有一半的孩子承认欺凌过别人。欺凌者使用电子邮件、网站、在线游戏、即时消息、博客以及社区站点（如 MySpace 或 American Online 聊天室）烦扰和嘲弄别人。

同现实世界一样，网上也存在不堪入目的污言秽语。但在互联网上，网络欺凌通常是匿名的，即利用虚假的电子邮件地址和网名来掩人耳目。网络欺凌者还可伪装成所要欺凌的对象，如代表他们发布提出约会要求的虚假在线广告；直接攻击受害人的电子邮件账户，向其朋友发送不友好的消息。

二、网络欺凌的形式

网络欺凌是一种利用数字技术进行的欺凌行为，主要通过社交媒体、即时通信平台、游戏平台和手机等工具实施。

以下是网络欺凌的一些常见形式：

（1）发送侮辱性信息：通过电子邮件、短信或即时消息发送含有侮辱、威胁或恐吓内容的信息。

（2）创建恶意网站或社交媒体账户：设立专门用于羞辱特定个体的网站，或者在社交媒体平台上创建虚假账户，以受害者的名义发布诽谤性帖子。

（3）散布谣言和不实信息：在社交媒体、论坛或其他在线平台上散布关于受害者的虚假信息或谣言，损害其名誉。

（4）侵犯隐私：未经许可发布受害者的私人照片或视频，或者侵入其电子邮箱或社交媒体账户，窃取个人信息。

（5）排挤和孤立：在社交网络上故意排挤某人，使其感到被社会排斥和孤立。

（6）假扮受害者：冒充受害者，发送含有恶意内容的消息或帖子，进一步损害受害者的声誉。

三、网络欺凌的影响

网络欺凌对受害者的影响可能是深远且多方面的，包括心理、情感和社会层面的负面影响。以下是一些主要影响：

（1）心理健康问题：受害者可能会经历自卑、焦虑、抑郁等心理问题，严重时甚至可能导致自杀。

（2）社交障碍：网络欺凌可能导致受害者在现实生活中感到孤立，害怕与他人交往，影响其社交能力。

（3）学业表现下降：由于心理压力和注意力分散，受害者可能会出现学业成绩下滑的现象。

（4）身体症状：一些受害者可能会出现头痛、胃痛等身体不适的症状，这通常与心理压力有关。

（5）长期影响：网络欺凌的影响可能是长期的，受害者可能在成年后仍然受到这些经历的影响，包括自尊心低下和人际关系问题。

网络欺凌是一种复杂且具有破坏性的行为，其形式多样，影响深远。为了有效应对网络欺凌，社会各界需要共同努力，包括提高公众意识、加大法律法规的执行力度、提供心理支持以及促进健康网络文化的形成。家长和教育者应积极参与，帮助孩子们建立良好的网络行为习惯，保护他们在数字时代的心理健康和福祉。

第二节　如何应对网络欺凌

家长应如何帮助孩子面对网络欺凌，具体措施如下。

一、置之不理

让孩子们不要轻举妄动或采取报复行为，不论多么想“反击”，都应如此。如果您能了解谁对您的孩子实施网络欺凌，可切断来自此人的一切通信。例如，在即时消息程序的主菜单中，访问“其他联系人或朋友”，然后选择“阻止用户或删除朋友”。在电子邮件程序中，将有攻击性的电子邮件地址添加到黑名单中。

二、设立界线

联系欺凌者要求其停止攻击行为，这是您的责任，与您的孩子无关。如果您不知道他们的真实身份，请发送电子邮件或即时消息。如果这种行为遏制不止，请警告他们您还将联系他们的家长或学校。

三、进行投诉

网络欺凌行为大部分是骚扰、威胁、隐私侵害和跟踪，它们都有悖于网站或互联网服务供应商的“服务条款”。您可以针对相关服务进行投诉，以暂停或终止网络欺凌者（本人或其家长）对互联网的访问权。

四、联系学校

如果您知道欺凌者与自己的孩子在同一所学校，那么老师和管理员可助一臂之力。但是切记，鉴于言论自由，学校往往对校外发生的事情鞭长莫及。一些学校将反网络威胁条款纳入学生的在线访问协议，因此如果欺凌者通过学校计算机与您的孩子联系，那么此人就会受到严厉处罚。所以，要确保采用任何一种方式报告发生的事件。

五、告知家长

如果您已做力所能及的事，但是并未制止网络欺凌行为，请向该孩子的家长发送一封“中止欺凌行为”的信件。在发送该信件的同时，请附上证明网络欺凌行为的计算机书面材料，如电子邮件或即时消息脚本的书面材料，让家长插手帮忙制止网络欺凌行为。

六、诉讼威胁

特别情况下可以诉诸法律，律师可以帮助您针对诽谤、骚扰或其他原因向网络欺凌者和/或其家长提出民事诉讼。有时，诉讼威胁足以让网络欺凌者望而却步。

七、联系警方

如果有证据显示网络欺凌手段涉嫌犯罪活动，如仇恨犯罪、人身威胁或在校内谈论武器使用，请立即与当地警方联系。如果网络欺凌者在线发布受害者的私密更衣室照片，也可以提起儿童色情图片方面的诉讼。确保打印攻击行为的样例，并将其交由警方处理。警方可以根据您的报案，从您孩子的计算机收集其他所有可采纳的证据（如果需要）。

第三节　个人信息泄露的危害及预防措施

一、什么是个人信息

个人信息包括基本信息、设备信息、账户信息、隐私信息、社会关系信息和网络行为信息等。随着互联网应用的普及和人们对互联网的依赖，互联网的安全问题也日益凸显。

恶意程序、各类钓鱼和欺诈事件的数量继续保持高速增长，同时黑客攻击和大规模的个人信息泄露事件频发。与各种网络攻击大幅增长相伴的是大量网民个人信息的泄露与财产损失的不断增加。人为倒卖信息、手机泄露、个人电脑感染、网站漏洞是目前个人信息泄露的四大途径。

个人信息泄露是一个严重的社会问题，它不仅会导致个人隐私被侵犯，还可能引发一系列的负面影响，如财产损失、信用受损、精准针对攻击、身份盗用等。

二、个人信息泄露的危害

（一）垃圾短信、骚扰电话、垃圾邮件

个人信息泄露后，受害者可能会频繁收到垃圾短信、骚扰电话和垃圾邮件。这些信息通常以推销为主要内容，给受害者的日常生活带来极大的困扰。

（二）财产损失

不法分子可能利用泄露的个人信息进行不当交易或贷款，导致受害者遭受财产损失。例如，不法分子可以利用个人信息办理信用卡并进行透支，或者通过其他方式盗取受害者的银行账户资金。

（三）信用受损

如果个人信息被用于非法交易或贷款，受害者的信用记录可能会受到损害，这将对未来金融借款和信用卡申请产生不利影响。

（四）精准针对攻击

犯罪分子可以使用泄露的信息进行有针对性的网络钓鱼攻击、社会工程攻击等，使受害者更容易受到欺骗，进一步加剧安全风险。

（五）身份盗用

个人信息泄露可能导致身份盗用，犯罪分子可以冒用受害者的身份进行各种非法活动，如冒名办卡、透支欠款等，给受害者带来严重的法律和经济问题。

三、预防个人信息泄露的措施

（一）谨防钓鱼网站

在网络购物时，要仔细查看登录的网站域名是否正确，谨慎点击商家从即时通信工具上发送的支付链接；谨慎对待手机上收到的中奖、积分兑换等信息，切勿轻易点击短信中附带的不明网址，以免误入钓鱼网站。

（二）不在社交平台中随意透露个人信息

在社交平台中，应避免过度分享个人信息，如孩子的照片、学校的名称等，以防被不法分子利用。

（三）注意网络安全

使用安全软件进行木马程序扫描和病毒查杀，定期更新安全软件。避免随意安装来路不明的软件。不要修改手机中的系统文件，也不要随便参加注册信息获赠品的网络活动。

（四）设置高强度密码

设置高保密强度密码，不同网站最好设置不同的密码。网银、网购的支付密码最好定期更换。

（五）注意个人信息的物理安全

在处理快递单、各种账单和交通票据时，最好先涂抹掉个人信息部分再丢弃，或者集中起来定时统一销毁。在使用公共网络工具时，下线前要先清理痕迹。

（六）提高警惕

不要轻易相信陌生人或者不可信的网站，同时也要增强对电子邮件、短信等信息的辨别能力，避免打开有风险的链接或者下载有毒的附件。

通过上述措施，我们可以有效地减少个人信息泄露的风险，保护自己的隐私和财产安全。

四、个人信息泄露造成危害的案例

案例1：利用个人邮政包裹进行网络诈骗

随着电子商务的普及，网络购物已成为人们日常生活的一部分。然而，一些不法分子却利用这一趋势，通过伪造邮政包裹信息，实施网络诈骗活动。

案例描述：

近期，多地警方接到多起报案，受害者均表示收到了来自陌生人的快递包裹，但包裹内物品与描述不符，甚至为空包，随后便接到要求支付额外费用的电话或信息，从而陷入诈骗陷阱。

诈骗手法通常如下：

1. 信息伪造：诈骗者首先通过非法手段获取受害者的个人信息，如姓名、地址、电话等。随后，他们伪造虚假的邮政包裹信息，并发送给受害者，声称包裹内含有奖品、退款、赠品等物品。

2. 包裹诱惑：受害者收到虚假的包裹信息后，往往充满期待地等待包裹的到来。当包裹送达时，诈骗者可能要求受害者先支付一定的“税费”“手续费”或“保险费”，才能领取包裹内的物品。

3. 费用陷阱：一旦受害者支付了所谓的“费用”，诈骗者便以各种理由拖延或拒绝提供包裹内的物品，甚至直接消失。此时，受害者才意识到自己上当受骗。

4. 空包或不符物品：部分受害者即使支付了费用，收到的包裹也可能为空包或与描述完全不符的物品，从而进一步证实了诈骗行为。

案例影响：

此类诈骗活动不仅给受害者带来了经济损失，还严重损害了邮政系统的信誉和电子商务的健康发展。同时，诈骗者利用个人信息进行诈骗，也加剧了个人隐私泄露的风险。

利用个人邮政包裹进行网络诈骗是一种新型且隐蔽的诈骗手段。面对此类诈骗活动，我们应提高警惕，加强防范意识，共同维护一个安全、健康的网络环境。同时，政府和相关部门也应加强监管和打击力度，从源头上遏制此类诈骗活动的蔓延。

案例 2：个人信息被冒用套取现金

在数字化时代，个人信息安全成为公众日益关注的焦点。然而，不法分子仍利用技术漏洞或非法手段获取他人个人信息，进而实施诈骗、盗刷等违法行为。本案例讲述了一起个人信息被冒用套取现金的真实事件，提醒公众加强个人信息保护意识。

案例详情：

受害者李女士某日突然收到银行发来的多条消费短信，提示其账户内有大量资金被转出。李女士随即登录网银查看，发现账户余额大幅减少，且交易记录中显示多笔不明转账至陌生账户。惊恐之余，她立即联系银行客服并报警。

经过警方与银行联合调查，发现李女士的个人信息已被不法分子非法获取。犯罪分子利用这些信息，通过伪造身份证件、银行卡等手段，成功登录李女士的网银账户，并将账户内的资金分批转至事先准备好的多个账户中。更令人震惊的是，这些资金随后被迅速分散转移至境外，增加了追回难度。

案例分析：

1. 个人信息泄露：李女士的个人信息可能通过不安全的网络环境、钓鱼网站、恶意软件等途径被泄露。这些信息一旦落入不法分子手中，便成为实施诈骗的

“钥匙”。

2. 网银安全漏洞：尽管网银系统通常设有多重安全防护措施，但犯罪分子仍能利用技术手段绕过部分安全验证，成功登录账户并实施转账操作。这暴露出网银系统在安全验证、风险预警等方面仍存在不足。

3. 资金追回难度大：一旦资金被转移至境外，由于跨境追诉难度大、法律程序复杂等因素，往往难以迅速追回。这增加了受害者的经济损失和心理压力。

个人信息被冒用套取现金的案例警示我们，加强个人信息保护意识至关重要。公众应时刻保持警惕，采取有效防范措施，共同维护一个安全、健康的网络环境。同时，政府和相关部门也应加强监管和打击力度，从源头上遏制个人信息泄露和诈骗行为的发生。

第四节　钓鱼网站与恶意软件的识别方法

一、什么是网络钓鱼

网络钓鱼（Phishing，与钓鱼的英语 Fishing 发音相近，又名钓鱼法或钓鱼式攻击），是通过大量发送声称来自银行或其他知名机构的欺骗性垃圾邮件，意图引诱收信人给出敏感信息（如用户名、口令、账号 ID、ATM PIN 码或信用卡详细信息）的一种攻击方式。最典型的网络钓鱼攻击是：将收信人引诱到一个通过精心设计与其目标网站非常相似的钓鱼网站上，并获取收信人在此网站上输入的个人敏感信息。通常这个攻击过程不会让受害者警觉。它是“社会工程攻击”的一种形式。

“网络钓鱼”就其本身来说，称不上一种独立的攻击手段，更多的只是诈骗方法，就和现实中的一些诈骗差不多。黑客利用欺骗性的电子邮件和假冒的 Web 站点来进行诈骗活动，诱骗访问者提供一些个人信息，如信用卡号、账户号和口令、社保编号等内容（主要是那些和财务、账号有关的信息）。黑客通常会将自己伪装成知名银行、在线零售商和信用卡公司等可信的品牌单位，因此受害者往往也是那些和电子商务有关的服务商和使用者。在过去的 2024 年，除了传统的假淘宝网站、假 QQ 网站、假网上银行网站、六合彩钓鱼网站等，钓鱼网站又发展到假机票网站、假火车票网站、假药品网站等，可以说，随着互联网应用的增多尤其是电子商务的进一步发展，“网络钓鱼”对网民的威胁越来越大。

二、钓鱼网站和恶意软件的欺诈手段

网上黑客采用的“网络钓鱼”方法比较多，归纳起来大致有以下几种方法。

（一）发送欺诈性邮件，引诱用户上钩

黑客大量发送欺诈性邮件，这些邮件多以中奖、顾问、对账等内容引诱用户

在邮件中填入金融账号和密码，或以各种紧迫的理由（如在某超市或商场刷卡消费，要求用户核对）要求收件人登录某网页提交用户名、密码、身份证号、信用卡号等信息，继而盗窃用户资金。

（二）建立假冒网上银行、网上证券网站

首先黑客建立域名和网页内容都与真正的网上银行系统、网上证券交易平台有着极为相似的网站，诱使用户登录并输入账号、密码等信息，进而通过真正的网上银行、网上证券系统盗窃资金；或利用合法网站服务器程序上的漏洞，在该站点的某些网页中插入恶意 HTML 代码，屏蔽那些可用来辨别网站真假的重要信息，利用 Cookies 窃取用户信息。

（三）URL 隐藏：保护隐私与安全的一种手段

统一资源定位符（Uniform Resource Locator，URL）是互联网上每个资源的唯一地址。然而，在某些情况下，直接暴露 URL 可能会带来隐私泄露、安全风险或不必要的干扰。因此，URL 隐藏成为一种保护隐私与安全的重要手段。

1. URL 隐藏的目的

（1）隐私保护：隐藏 URL 可以防止他人通过链接追踪到用户的个人信息或浏览习惯，从而保护用户的隐私。

（2）安全防护：在某些情况下，恶意网站或钓鱼链接可能会伪装成合法的 URL，诱骗用户点击。通过隐藏真实的 URL，可以减少用户误点击的风险，提高网络安全性。

（3）避免干扰：一些广告商或跟踪者可能会通过 URL 跟踪用户的浏览行为，以便推送相关广告或进行数据分析。隐藏 URL 可以避免这种不必要的干扰。

2. URL 隐藏的方法

（1）使用短链接服务：将长 URL 转换为短链接是隐藏 URL 的一种常见方法。短链接服务（如 bit. ly、tinyurl 等）可以将冗长的 URL 缩短为简短的链接，同时保持原始链接的访问功能。这种方法不仅方便用户分享，还能在一定程度上隐藏原始 URL。

（2）加密或编码：通过加密或编码技术，可以将 URL 转换为不易被识别的形式。这种方法需要特定的解码工具或算法才能还原原始 URL，从而增加了 URL 的安全性。

（3）使用代理服务器：代理服务器可以代替用户访问目标网站，并将返回的内容转发给用户。通过代理服务器访问网站时，用户的真实 IP 地址和浏览行为不会被目标网站直接获取，从而实现了 URL 的隐藏。

（4）自定义跳转页面：创建一个自定义的跳转页面，用户点击该页面后，会经过一个中间页面再跳转到目标网站。这种方法可以在一定程度上隐藏真实的 URL，并允许在跳转过程中添加额外的安全措施或提示。

总之，URL 隐藏是保护隐私与安全的一种有效手段。通过选择合适的方法并遵循相关注意事项，我们可以更好地保护自己的个人信息和浏览习惯。

（四）利用虚假的电子商务进行诈骗

黑客建立电子商务网站，或在比较知名、大型的电子商务网站上发布虚假的商品销售信息，黑客在收到受害人的购物汇款后就销声匿迹。除少数黑客自己建立的电子商务网站外，大部分黑客在知名电子商务网站上，如“易趣”“淘宝”“阿里巴巴”等，发布虚假信息，以所谓“超低价”“免税”“慈善义卖”的名义出售各种产品，或以次充好，很多人在低价的诱惑下上当受骗。网上交易多是异地交易，通常需要汇款。黑客一般要求消费者先支付部分款项，再以各种理由诱骗消费者支付剩余款项或者其他各种名目的款项，得到钱款或被识破时，就立即切断与消费者的联系。

（五）利用木马和黑客技术窃取用户信息后实施盗窃

黑客通过发送邮件或在网站中隐藏木马等方式大肆传播木马程序，当感染木马的用户进行网上交易时，木马程序可获取用户账号和密码，并发送给指定邮箱，从而使用户资金的安全将受到严重威胁。

（六）利用用户弱口令等漏洞破解、猜测用户账号和密码

黑客利用部分用户密码设置过于简单的账号，对账号密码进行破解。已有很多的弱口令破解黑客工具在网上可以免费下载，它们可以在很短的时间内破解出各类比较简单的用户名及密码。

（七）其他手段

实际上，黑客在实施“网络钓鱼”犯罪活动过程中，经常是以上几种手法交织、配合进行的。值得特别提醒的是：“网络钓鱼”非法活动并不排除新手段的出现，并且已经不仅限于网络方式，还包括电信诈骗等方式，比如现今泛滥成灾的“垃圾手机短信”和“陷阱电话”。其中，有部分是诈骗短信，以急迫的口吻要求用户对并不存在的已消费的“商品”进行买单，或者以熟悉的朋友或亲人的身份来要求受害人提供账户和密码，严格地说，这也应当属于“网络钓鱼”的范畴。所以，推而广之，任何通过网络手段（包括通信）进行诈骗和误导用户使之遭受经济损失的行为都应当称为“网络钓鱼”。

三、如何识别钓鱼网站和恶意软件

在互联网时代，钓鱼网站已成为一种日益严重的网络安全威胁。钓鱼网站通常通过伪装成正规网站，诱导用户输入个人信息或进行交易，从而窃取用户的敏感数据。因此，学会识别钓鱼网站，保护自己的个人信息和财产安全，变得尤为重要。下面就让我们一起来探讨如何识别钓鱼网站。

（一）观察网站域名

正规的网站域名通常简洁明了，容易记忆。然而，钓鱼网站的域名往往与正规网站相似，通过混淆视听来诱导用户点击。因此，在访问一个陌生网站时，要特别留意其域名是否与正规网站相似，是否存在拼写错误或奇怪的字符。

（二）检查网站内容

正规的网站内容通常完整、准确，且具有明确的主题。而钓鱼网站的内容往往存在语法错误、排版混乱等问题，同时主题不明确或与正规网站大相径庭。此外，钓鱼网站往往会使用大量的广告和弹窗，以吸引用户的注意力并诱导其进行操作。

（三）确认网站安全标识

在访问一个陌生网站时，要留意其是否有安全标识。常见的安全标识包括HTTPS、锁形图标等。这些标识表明网站使用了加密技术，保护用户的数据传输安全。而钓鱼网站往往没有这些安全标识，或者使用的是无效的证书。

（四）警惕个人信息泄露

钓鱼网站的主要目的是窃取用户的个人信息。因此，在访问一个陌生网站时，要特别留意是否需要输入个人信息，如账号、密码、身份证号码等。如果一个网站在没有明确告知的情况下要求用户输入这些信息，那么很可能是钓鱼网站。

（五）采用新的安全技术

数字证书是一种很安全的方式，通过数字证书可以进行安全通信和电子数字签名，电子签名具有法律效力。网上交易在数字证书签名和加密的保护下进行网上数据的传送，杜绝了网络钓鱼者使用跨站 Cookie 攻击以及嗅探侦测的可能。数字证书具有可复制性，如同家门钥匙一样，用户应妥善保管。对于一些易被假冒的机构和政府相关管理部门而言，也应采取相应的措施与“网络钓鱼“这种犯罪活动做斗争。例如，银行也可积极采取技术措施和宣传活动，让用户能够识别真假，避免上当。相关政府职能部门也应沟通合作，及时定位、关闭这些仿冒网站并从其所有者手中追回被盗的用户信息，减少直接和潜在的损失。

总之，识别钓鱼网站需要具备一定的网络安全意识。通过观察域名、检查内容、确认安全标识以及警惕个人信息泄露等手段，我们可以有效地识别钓鱼网站，保护自己的网络安全。

第五节　网络安全防护工具介绍

网络安全是当今社会中不可忽视的重要议题。随着互联网在人们生活中的普及和应用的深入，网络安全问题愈发突出。攻击者通过各种手段对个人和企业的敏感信息进行窃取、破坏和操控，给个人和企业带来了巨大的损失。为了更好地保护网络安全，人们需要使用一些高效的工具来加强对网络的防护。本节将推荐几款网络安全防护的最佳工具。

一、防火墙（Firewall）

防火墙是网络安全的基本防护工具。防火墙能够监控和过滤进出网络的数据流量，阻止潜在的威胁进入网络系统。它可以根据规则集来决定是否允许特定的流量通过。防火墙可以设置访问控制策略，限制网络中的用户和应用程序的访问权限，有效地防止外部攻击者入侵和内部敏感信息泄露（图 2-1）。

图 2-1　防火墙盾牌标志

二、杀毒软件（Antivirus Software）

杀毒软件是保护计算机系统免受病毒、恶意软件和其他恶意代码侵害的一种工具。杀毒软件能够实时监控和扫描计算机系统，自动检测和处理潜在的威胁。它可以对计算机系统进行全面的系统和文件扫描，及时发现并清除恶意软件和病毒。杀毒软件不仅可以阻止病毒和恶意软件的传播，还可以修复系统漏洞，提高系统的安全性。

【知识链接】

360 杀毒软件简介

360 杀毒软件，作为 360 安全中心研发的一款高性能、轻量级的安全软件，自推出以来便以其强大的杀毒能力和用户友好的界面设计赢得了广泛的认可。这款软件集成了先进的云查杀引擎、启发式扫描引擎、QVM 人工智能引擎以及系统修复引擎等多重防护机制，为用户提供全方位、多层次的病毒防护服务。

一、核心功能

（1）云查杀：依托360庞大的云端数据库，实时更新病毒库，快速识别并清除各类病毒、木马、恶意软件等威胁。

（2）启发式扫描：通过智能分析程序行为，识别并阻止潜在的未知威胁，提高安全防护的广度和深度。

（3）QVM人工智能引擎：运用机器学习技术，对恶意软件进行深入分析，实现精准识别与高效清除。

（4）系统修复：针对病毒攻击后可能留下的系统漏洞和问题，提供一键修复功能，确保系统稳定运行。

（5）实时防护：实时监控文件访问、网络活动、注册表修改等关键系统行为，及时发现并阻止恶意行为。

（6）主动防御：通过行为监控、权限管理等手段，有效阻止恶意软件的安装和运行，提升系统整体安全性。

（7）弹窗拦截：除了杀毒功能外，360杀毒软件还提供弹窗拦截功能，帮助用户减少不必要的广告弹窗干扰，提升上网体验。

二、用户友好性

（1）简洁界面：360杀毒软件采用简洁明了的界面设计，使得用户能够轻松上手，快速了解软件功能。

（2）智能优化：软件能够自动根据系统资源使用情况调整扫描频率和强度，确保在提供充分保护的同时，不影响用户正常使用电脑。

（3）实时更新：病毒库和软件本身能够实时更新，确保用户始终获得最新的安全防护。

三、适用场景

360杀毒软件适用于各种规模的电脑用户，无论是个人家庭用户、中小企业还是大型机构，都能从中获得有效的病毒防护。特别是对于经常上网、下载文件、使用公共网络的用户，360杀毒软件能够提供更加全面和及时的安全保障。

综上所述，360杀毒软件以其强大的杀毒能力、用户友好的界面设计以及丰富的安全防护功能，成为了众多电脑用户的首选安全软件之一。

三、网络安全审计工具（Network Security Auditing Tool）

网络安全审计工具是用于网络安全评估和监控的一种工具。它可以对网络设备进行全面的安全性评估，包括网络拓扑、安全策略、访问控制等方面。网络安全审计工具可以帮助管理员及时发现和修复潜在的安全问题，并加强对网络的监控和保护。它可以提供详细的安全审计报告，帮助管理员及时了解安全状况，并采取相应的安全措施。

四、加密工具（Encryption Tool）

加密工具是一种能够将数据进行加密和解密的工具。加密工具可以保护敏感信息在传输和存储过程中的安全性。它可以使用各种加密算法对数据进行加密，使得未经授权的用户无法读取和解密数据。加密工具可以应用于各种场景，包括电子邮件、文件传输、数据库访问等，提高数据的保密性和完整性。

五、多因素身份验证（Multi-factor Authentication）

多因素身份验证是一种提供多重身份验证方式的工具。传统的用户名和密码方式容易受到黑客的攻击和破解。多因素身份验证可以在用户登录时要求提供多个验证要素，如密码、手机验证码、指纹等。这样可以大大提高用户身份的安全性，防止未经授权的用户登录和访问系统。

六、安全漏洞扫描工具（Vulnerability Scanning Tool）

安全漏洞扫描工具是一种用于扫描和检测系统及应用程序安全漏洞的工具。它可以自动扫描系统和应用程序，发现存在的安全漏洞，并给出相应的修复建议。安全漏洞扫描工具可以帮助管理员及时发现和修复系统和应用程序的安全问题，防止黑客利用这些漏洞进行攻击。

综上所述，网络安全防护的最佳工具包括防火墙、杀毒软件、网络安全审计工具、加密工具、多因素身份验证和安全漏洞扫描工具。这些工具可以帮助用户和企业加强对网络的防护，提高网络安全性，保护个人和敏感信息免受攻击和侵害。在选择和使用这些工具时，用户和企业应根据自身需求和实际情况进行评估和选择，并且要及时更新和升级工具，以应对不断演变的网络安全威胁。

第六节　青少年如何保护个人隐私

随着信息技术的快速发展，互联网逐渐融入人们的生活，使得个人隐私面临越来越大的威胁。青少年作为网络时代的一员，应该学会保护个人隐私，以保证个人信息的安全。下面将从几个方面探讨青少年如何保护个人隐私。

一、建立健康的网络使用习惯

青少年在使用互联网时，应时刻保持警惕，避免个人信息泄露。首先，不要随意在不安全的网站上注册账号，避免提供过多的个人信息。其次，及时更新操作系统和应用软件的安全补丁，以修复潜在的安全漏洞。最后，谨慎对待使用公共 Wi-Fi 网络，避免在不安全的网络环境下进行个人信息的传输。

二、妥善保管个人信息

青少年应该妥善保管自己的个人信息，避免信息泄露造成的风险。首先，设置强密码来保护自己的账号和设备。密码应包含字母、数字和特殊字符，并定期更换。其次，不要随意分享个人信息，避免将姓名、年龄、学校等敏感信息公开展示在社交媒体平台上。最后，要妥善保存和管理个人文件和电子邮件，避免不必要的信息泄露。

三、增强网络安全意识

青少年应该增强网络安全意识，学会分辨和防范网络安全威胁。首先，要警惕网络诈骗，不轻信陌生人的信息和链接，避免成为网络骗局的受害者。其次，要将个人信息分级，并选择性地提供给可信任的平台和机构。最后，要学习安装和使用杀毒软件和防火墙软件，及时发现和抵御病毒和恶意软件。

四、正确使用社交媒体

社交媒体在青少年中非常流行，但也是个人隐私泄露的重要渠道。青少年在使用社交媒体时，要掌握一些保护个人隐私的技巧。首先，要设置隐私设置，仅将个人信息展示给亲密好友，避免被陌生人获取。其次，不要随意发布个人隐私照片和视频，以免被滥用或恶意传播。最后，要注意自己的言行举止，避免发表过于个人化或不当的言论，以免引起不必要的麻烦。

五、寻求家长和学校的帮助

家长和学校在青少年个人隐私保护中起着重要的指导和辅助作用。青少年应当与家长和学校保持良好的沟通，及时向他们咨询和汇报遇到的网络安全问题。家长和学校应该关注青少年的网络行为，教育他们正确使用互联网并保护个人隐私。

总结起来，青少年应该建立健康的网络使用习惯，妥善保管个人信息，增强网络安全意识，正确使用社交媒体，并寻求家长和学校的帮助。只有青少年自身、家庭和学校共同努力，才能更好地保护个人隐私，确保网络世界的安全。青少年是未来的主人翁，他们的网络安全意识和个人隐私保护能力的提升，对于社会的发展和个人的成长至关重要。

第七节　网络安全应急处理流程

随着互联网的快速发展，网络安全问题日益凸显。各种类型的网络安全事件时有发生，给个人、企业乃至整个社会带来了巨大的威胁和损失。为了有效应对网络安全事件，建立健全的应急处理流程是必不可少的。下面将从预防、发现、应急处理三个方面，介绍网络安全事件应急处理的流程。

一、预防阶段

在网络安全事件思维处理流程中，预防阶段是最关键的一环。只有在现有的网络环境中预测潜在的威胁，采取相应的防护措施，才能提前避免网络安全事件的发生。

（一）制定安全策略和政策

组织应制定相应的安全策略和政策。这些策略和政策应包括网络安全目标、安全准则、安全要求等，明确安全责任和安全标准。

（二）加强安全意识教育

加强安全意识教育对于减少网络安全事件的发生至关重要。组织应定期开展网络安全培训和教育，提高员工对网络安全风险的认识，增强其防范网络攻击的能力。

（三）建立实施安全管理体系

应建立一套完善的安全管理体系，包括网络安全策略、网络安全规程和网络安全的工作流程等。通过管理体系的建立，利用流程控制和权限管理等方式，可以提高网络系统的安全性。

二、发现阶段

网络安全事件的迅速发现是应急处理的前提。只有及时发现安全事件，才能加以应急处置，减小损失。

（一）监测网络安全事件

通过安装和配置网络安全设备，如入侵检测系统、入侵防御系统和防火墙等，实时监测网络中的异常活动。同时，建立网络流量监测系统，对网络流量进行监测和分析，及时发现潜在的攻击。

（二）实施日志分析

日志是发现网络安全事件的重要依据之一。建立日志管理系统，收集网络设备和服务器的日志信息。通过对日志进行分析，可以及时发现可疑的活动和异常。

（三）设置安全告警机制

设置安全告警机制，及时通知网络管理员或安全人员发现异常活动。可以通过短信、邮件或电话等方式发送安全告警，以便及时做出应对措施。

三、应急处理阶段

一旦网络安全事件发生，组织需要立即启动应急处理工作，迅速控制和消除安全事件，减少损失。

（一）切断网络连接

如果发现网络安全事件，首先要迅速切断受影响的网络设备与外界的连接，以阻止安全事件的进一步扩散和影响。

（二）收集证据

在应急处理过程中，要及时收集有关网络安全事件的证据。这些证据包括日志记录、入侵检测系统产生的警报、被感染主机的快照和系统状态信息等。

（三）分析和评估事件

在收集到足够的证据后，需进行事件的分析和评估工作。通过分析可以确定网络安全事件的严重性和影响范围，为后续的处置工作提供决策依据。

（四）制定相应的处理和恢复方案

处理和恢复根据分析和评估的结果，制定相应的处理和恢复方案，包括修复系统漏洞、清除恶意软件、修复系统配置等操作，以确保网络系统的正常运行。

（五）事后总结和改进

对于网络安全事件的应急处理，不仅要解决当前问题，更重要的是从中汲取教训、总结经验，改进应急处理流程和安全措施，以提升组织的网络安全防护能力。

网络安全是一个复杂而严峻的问题，只有不断完善应急处理流程，加大预防措施的执行力度，才能有效保护网络的安全。

第三章　安全使用社交媒体

第一节　社交媒体的利与弊

一、什么是社交媒体

社交媒体（Social Media）是人们用来创作、分享、交流意见、观点及经验的虚拟社区和网络平台。社交媒体和一般的社会大众媒体最显著的不同是，它让用户享有更多的选择权利和编辑能力，自行集结成某种阅听社群。社交媒体能够以多种不同的形式来呈现，包括文本、图像、音乐和视频。

社交媒体在互联网的沃土上蓬勃发展，爆发出令人眩目的能量，其传播的信息已成为人们浏览互联网的重要内容，不仅制造了人们社交生活中争相讨论的一个又一个热门话题，更吸引传统媒体争相跟进。

现阶段社交媒体主要包括社交网站、微博、微信、博客、论坛、播客等。

二、社交媒体对青少年的影响

随着科技的进步和智能手机的普及，社交媒体逐渐成为青少年日常生活中不可或缺的一部分。社交媒体平台如微博、微信、抖音等，给青少年提供了诸多便利，同时也带来了不少挑战。本节将探讨社交媒体对青少年身心发展的积极与消极影响。

（一）积极影响

1. 信息获取与交流

社交媒体为青少年提供了一个获取信息和交流的平台。通过社交媒体，青少年能够快速获取国内外的动态、新闻以及各种各样的知识。这种快速的信息获取方式，有助于他们拓宽视野，了解世界的多样性。此外，社交媒体的沟通方式也让青少年能够与朋友、家人以及来自不同地方的人建立更紧密的联系，增加了彼此之间的互动。

2. 自我表达与创造力

社交媒体为青少年提供了一个自我表达的渠道。在平台上，他们可以分享自己的想法、创作和生活点滴，这有助于增强他们的自信心和创造力。同时，社交媒体中的各种活动与挑战也鼓励青少年积极参与创作，发挥自己的想象力与个性。

3. 社会支持与归属感

许多青少年可能在现实生活中面临孤独或压力，而社交媒体可以为他们提供社会支持。通过在平台上找到志同道合的朋友，他们能够分享感受、寻求建议，从而获得情感上的支持，增强归属感。

（二）消极影响

1. 心理健康风险

尽管社交媒体提供了交流的平台，但过度依赖这些平台可能导致心理健康问题的加剧。研究表明，青少年在社交媒体上经历的负面评论、网络欺凌等情况，可能引发焦虑、抑郁等心理问题。此外，社交媒体上的炫耀文化也可能导致青少年产生比较心理，进而影响自信心和自尊心。

2. 时间管理与学业

青少年正处于重要的学习阶段，而社交媒体的诱惑常常使他们分心，影响学习效率。过多的时间花费在社交媒体上可能导致青少年忽视学业，影响学业成绩。合理分配时间，保持学习与娱乐的平衡，是青少年需要面对的一大挑战。

3. 隐私安全问题

在社交媒体上，青少年往往没有意识到保护个人隐私的重要性。很多青少年在没有足够了解网络安全以及隐私保护的情况下，随意分享个人信息，这可能导致不必要的麻烦，包括网络诈骗、恶意骚扰等。因此，提升青少年的网络安全意识显得尤为重要。

社交媒体对青少年的影响是双重的，既有积极的一面，也有消极的一面。家长、教育者和社会应该引导青少年理性使用社交媒体，帮助他们树立正确的价值观与人生观。同时，青少年自身也应增强自我管理意识，掌握适度使用社交媒体的方法，以更好地适应这个信息丰富的时代。只有在良好的使用环境中，社交媒体才能发挥其正面作用，助力青少年的健康成长。

第二节　设置安全的社交媒体账户

社交媒体已经成为人们相互交流和分享生活的重要平台，在我们的日常生活中占据了重要的地位。然而，随之而来的是对个人隐私的担忧，尤其是在社交媒体上。下面将详细介绍如何设置社交媒体账户的隐私，以保护个人信息安全。

一、选择强密码并定期更换

（一）制定一个强密码

为了确保账号的安全，我们应该选择一个强密码。强密码应该包含字母、数字和特殊字符，并且长度要足够长。避免使用常见的密码，如生日或数字的连续组合，因为这些密码容易被猜测。

（二）定期更换密码

定期更换密码是确保账户安全的重要步骤。通常，建议每个月更换一次密码。

二、仔细设置个人隐私选项

（一）确保个人信息只对好友可见

社交媒体平台通常提供了一些隐私设置选项，我们应该充分利用这些选项来保护个人信息的安全。设置个人信息时，最好将其设置为仅对好友可见，以限制不必要的公开信息。

（二）选择仅接受好友请求

为了避免接收到陌生人的信息或请求，我们可以选择仅接受好友的请求。这样可以避免与陌生人产生不必要的互动，同时也减少了私人信息泄露的风险。

三、控制发布的内容

（一）限制发布范围

在发布内容时，我们应该注意限制发布的范围。我们可以选择在仅好友可见的情况下发布内容，以避免私人信息被广泛传播。另外，也建议慎重对待标记位置等功能，以防个人行踪暴露。

（二）慎重选择发布的内容

在社交媒体上，我们应该慎重选择发布的内容。避免发布过于私密或过于个人化的内容，以减少不必要的风险。此外，也要注意避免发布可能引起争议或造成负面影响的言论。

（三）审查并删除不必要的标签

有时候，我们的好友或他人会将我们标记在照片或帖子中。在这种情况下，我们应该审查并及时删除不必要的标签，以避免与我们不愿意联系的内容关联。

四、定期审查隐私设置

（一）定期检查隐私设置

我们应该定期检查社交媒体账户的隐私设置，以确保设置的选项仍然符合我们的需求。有些平台可能会更新隐私政策或默认设置，因此我们需要保持警觉，并根据需要进行必要的调整。

（二）审查第三方应用权限

许多社交媒体平台有与第三方应用程序的集成。在使用这些应用之前，我们应该审查并限制这些应用对个人信息的访问权限，以确保我们的数据不会被滥用。

隐私保护是社交媒体使用过程中非常重要的一环。通过选择强密码、仔细设置个人隐私选项、控制发布的内容以及定期审查隐私设置，我们可以更好地保护个人信息的安全。在享受社交媒体带来的便利的同时，我们也要时刻提醒自己保持警觉，不要随意泄露个人信息，确保自己的隐私可以得到有效的保护。

第三节　识别虚假信息与谣言

一、谣言与网络谣言

（一）谣言与网络谣言的内涵

谣言传播在我国古代就已存在。关于“谣言”，《辞海》的解释是“在民间流行的一些歌谣或者谚语”。在出现纸笔记录方式之前，通过口耳相传的方式能够传播信息，这就是谣言最初的传播形式。谣言最初以“谣”的形式出现，在古代“谣言”是一种大众传媒的工具，因此在传播的过程中也极易被人们误传、曲解，所以谣言自古就与虚假信息存在一些相关性。《现代汉语词典》中对于“谣言”一词的界定是“没有事实依据的消息”。近代学者刘建明教授根据谣言与谎言的不同来进行解读，认为谣言不仅能够作为舆论出现，还是一种众人传播虚假信息以及事件的行为或活动。同时，多数参与谣言传播过程的传播者认为谣言属实，因为谣言与谎言不同，说谎者能够直接意识到自己在说的都是谎话，而谣言却不同，因一个人或多个人而起的谎言不能称作谣言。信息需要在传播的过程中达到一定的舆论量，并且有大量参与者主动参与传播过程，最终才能形成谣言。《韦伯斯特英文大字典》对谣言的解释为“作为舆论出现，是一种缺乏真实根据，或未经证实、公众一时难以辨别真伪的闲话、传闻或舆论”。以上定义均显示出不同的特点，不过综合归纳也存在一些相同之处：谣言的传播内容具有很强的不确定性，因此才会使大量人主动甚至无意识地去口耳相传。谣言涉及的对象主要与社会大众的日常生活息息相关，其中也存在大量能够博取公众眼球的社会问题以及公共事件，甚至是一些极端的社会公共事件。一般而言，谣言是通过非正常的途径进行传播的，目前随着科技的发展，谣言也具有了新的传播方式，即网络传播。谣言与互联网之间的结合更加大了谣言的社会影响，不论是传播的速度还是传播的规模都已经达到了前所未有的程度。在当前的网络时代，网络谣言也并非一种新生事物，只是因为谣言借由网络工具来进行传播，因此才被称为“网络谣言”。对于一些社会公共事件中出现的网络谣言，南京大学的一些专家学者提出，“在网络这种特定的传播环境之中，谣言如同插上了翅膀，网络能够通过实体来转换传播途径，制造一些与网民生活息息相关的话题或事件来加大网络谣言传播的影响力”，因此本质上可以将网络谣言与传统谣言归于一类，只是通过网络途径进行传播的传统谣言，其危害性加大，而且解决的过程也变得更加复杂。

（二）网络谣言的特征

网络谣言能够在短时间内波及甚广，并且保持较快的传播速度，最终使得公众能够达成一些共识。这样的传播方式与特点主要是由网络媒体自身的特征决定的，与传统谣言不同，借助网络媒体来进行网络谣言的传播，也具备着一些与传统谣言不同的特点，概括如下。

1. 匿名性

网络传播的途径与传统媒体有所不同，一方面网络媒体的传播途径较为隐蔽，另一方面传播者也披上了匿名的外衣，进而可以肆意渲染一些事件并制造网络谣言进行传播。网络媒体的虚拟性以及匿名性很好地为人们的言论制造了一种缺乏有效监督与管理的环境，在激发人们自由言论的同时，一些居心不良的网民利用网络的匿名性来传播谣言，不必担心言论不当而受到法律制裁或者道德审判。因此，这些人通过隐蔽自身的真实身份，在互联网中大肆进行虚假言论的传播，有的甚至利用网络来大量传播偏激、错误的观点或者信息。

2. 未知性

通过网络途径进行谣言传播，一方面利用了网民的无知以及求知欲望，另一方面也强化了一些事件的神秘色彩以及未知性。网络上提供的信息较多，知识也很丰富，而人们很难穷尽所有的知识与信息，因此一些不法的网络谣言传播者就利用了人们的知识盲区进行虚假信息的传播。例如，前不久一则关于食品安全的网络谣言“荔枝有毒”引发网友热议，而这一切都是由一则网络谣言传播而出的：“‘请各位爸爸妈妈现在先不要买荔枝给小朋友吃，昨天某幼儿园一个小朋友吃了荔枝之后开始发高烧，后来带去看中医，医生说现在的荔枝几乎都是用药水浸泡的，药水有弱腐蚀性，吃了容易引起发烧，甚至还可能引发手足口病。’近日，这条信息在微博和微信朋友圈内疯传。荔枝年年吃，孩子吃荔枝真的对身体不好吗？正逢荔枝上市，小编作为‘水果迷’自然不可错过甜甜的荔枝，可是看到这条消息，却庆幸最近自己没有购买荔枝。”中国农业大学食品科学与营养工程学院副教授朱毅在接受《羊城晚报》记者采访时说“这种说法不靠谱”。而继“草莓有毒”谣言之后，荔枝又“中枪”，虽然谣言甫始就有专家辟谣，但是网络的传播力量不可忽视，对荔枝的销售和消费者对荔枝的情感也会造成坏的影响。这类网络谣言得以迅速传播，主要就是因为其传播内容与人们的生活息息相关，而人们的知识方面存在一定的盲区，因此大部分无知网民对其半信半疑，最终还会影响市场和经济的正常秩序。

3. 传播速度快、范围广，途径多样化

信息通过一定的时空进行传播，其传播速度较快是网络谣言的一个重要特点。

不同于传统媒体的信息发布流程，网络谣言的传播不需要经过大量专业人士的采集以及加工等环节，传播者利用一台计算机与一条网线就能够在第一时间进行谣言传播。网络信息能够在第一时间影响到大量网民，并且能够通过网民的评论与观点发表来迅速传播。网民在看见网络谣言后不论对谣言持认可态度还是否定态度，一般都会直接、快速、自由地发表一些自己的观点或者看法，而且不需要通过不同的部门或单位审核就能够直接自由发表，进而将其传播出去，这种影响是传统的媒体所无法比拟的。对一些居心不良的网民而言，网络传播无疑能够为其传播网络谣言提供一定的便利条件。

4. 时效性

伴随着网络科技的普及，人们在输入与输出信息的过程中获得了前所未有的快捷体验，人们第一次通过互联网真正实现了“地球村”般的连接，在网络上每一个人都能够随时随地成为一个信息的发布者，也能够变成一个信息的接受者，同时对于网络信息进行复制粘贴工作的操作也较为简单。

二、网络谣言的传播途径

网络谣言的传播速度飞快，主要是因为结合了互联网上的多种传播途径，而且互联网的覆盖区域较为广泛，其传播途径也较为丰富，概括如下。

（一）网络新闻和新闻跟帖

网络新闻日益深入人们的思想生活之中，这正在改变着人们的生活与思维方式。当社会上出现一些重大的事件时，网民喜欢通过跟帖的方式来表达自己的观点或者看法。由于网络自身的匿名性，网络新闻和新闻跟帖在传播一些网络谣言的过程中发挥了一定的作用。其中一些人为了提高网站的点击率，会以讹传讹。

（二）网络论坛以及社区

越来越多的网民喜欢参与网络论坛以及社区进行网络互动。在论坛中可以发表一些主题，主题没有时间或者地域的限制，同时也能保持鲜明性，在较长的时间范围内能够让更多的人点击浏览。一些网民希望自己的帖子受到更多人的关注，因此喜欢在帖子中夸大一些事实，甚至进行虚构，于是一时间网络谣言散播范围大量扩张。

（三）网络 QQ 群和讨论组

利用 QQ 群来进行群聊，也容易导致大面积的网络谣言进行传播。在 QQ 群里，任何一个话题都能够得到对方的快速回复。虽然不同于贴吧或者论坛这种传播途径，但由于 QQ 群的方便、快捷，最终也会带来较大的社会危害性。一对一的聊天方式往往拉近了虚拟与现实之间的差距，进而在传播信息的过程中，容易导致一些网民对虚假信息以及谣言信以为真。

（四）微博

目前国内有多达 4 亿的微博用户，微博日渐成为人们喜爱的网络媒体之一时，同时也为用户传播自己的观点、看法制造了一定的渠道。微博用户发布信息的审核不够严格，因此降低了信息发布的门槛，最终使得微博成为谣言滋生、扩散的一个重要途径。

三、网络谣言产生的影响

（一）正面影响

网络谣言的传播可将受众注意力吸引到谣言内容的主体上，引起社会的广泛关注，客观上带来积极的作用。从营销学角度讲，适当的负面信息可提高关注度，从而提高销量。而网络谣言也可以通过吸引注意力达到快速解决问题的作用。例如，“腐败类谣言”，被辟谣后，相关部门的公信力得以彰显，也有助于宣扬公平公正的社会风气，提高公众对政府部门的信心。而当谣言被证实后，公众的广泛关注也有助于督促有关部门快速高效地惩治腐败人员。

网络谣言传播过程虽然会带来许多风险，但是谣言也可起到“解压阀”的作用，有助于排解个人压力，宣泄情绪。

（二）负面影响

1. 影响社会稳定，造成网民猜疑、恐慌

网络谣言对社会稳定有重要的影响。近年来一些地区发生的群体性事件，都与网络谣言传播有关。如某些刑事案件发生后，由于网络谣言内容与警方发布结果之间存在的巨大差异，再加上令人震惊的谣言内容和煽动性的语言，对时间的猜疑及不满从网络走向现实，导致许多不明真相的群众产生猜疑、恐慌情绪，甚至由此引发群体性事件。网络谣言造成百姓日常生活恐慌，进而影响社会正常秩序，最终带来其他间接的重大危害，严重影响群众的安全感。

2. 扰乱社会舆论，影响司法公正

司法的独立性和法律的权威性是实现司法公正的重要保障，而在一定程度上，网络舆论与司法的独立性和法律的权威性相违背。尤其是歪曲真相的网络谣言，会加剧网络舆情，或直接误导舆论向负面发展，干预社会舆论，进而影响司法公正。社会舆论对司法公正的影响主要有以下几个原因：一是网络舆论不具专业性。网络谣言是对真相的歪曲，网民无法通过网络谣言获取事件真相，只能人云亦云，或根据部分事实评判事件。另外，网民并非专业法律人士，整体法律素养不高，对法律了解较少，网民大多从道德层面做出判断，而非从法律层面进行判断。二是社会舆论具有很强的主观性和情绪性。在看待某个事件上，部分网民并非因利益诉求参与事件，而是由于个人遭受同样的不公平经历，借此宣泄不满情绪。因而社会舆论多是网民个人主观想法的表达，不利于促进司法工作。例如，在偏激的网络谣言带来的舆论压力下，司法机关及其公职人员可能会对弱势群体轻判，这势必对司法的独立性造成影响。如若不考虑社会舆论，又必然影响法律的权威性。因此，网络谣言可通过干预社会舆论影响司法公正。

3. 损害经济利益

经济类网络谣言的危害性，通过具体案例可以更直观地展现出来。以下是一些带有案例的经济类网络谣言的危害分析：

案例 1：某知名房企资金链断裂谣言。

谣言内容：网络上广泛传播某知名房企资金链断裂、即将破产的谣言。

危害：

（1）股价暴跌：该谣言导致该房企的股价在短时间内大幅下跌，市值蒸发数十亿元。

（2）消费者信心下降：购房者对该房企的信心受到严重打击，部分已购房的消费者甚至要求退房，进一步加剧了企业的资金压力。

（3）合作伙伴信任危机：供应商、金融机构等合作伙伴对该企业的信任度降低，可能导致合作中断或条件恶化。

（4）品牌形象受损：长期受到谣言的影响，该房企的品牌形象和市场地位受到严重损害。

案例 2：某农产品价格暴涨谣言。

谣言内容：网络上出现某农产品即将供不应求、价格暴涨的谣言。

危害：

（1）市场恐慌：谣言导致消费者抢购该农产品，造成市场供需失衡，进一步推高了价格。

（2）农民利益受损：部分农民受到谣言误导，盲目扩大种植规模，导致后期农产品滞销、价格暴跌。

（3）社会稳定风险：农产品价格异常波动可能引发社会不满和不稳定因素，对政府和社会的公信力造成负面影响。

经济类网络谣言的危害性主要体现在以下方面：一是导致市场波动和投资者信心下降；二是损害企业和品牌形象；三是引发社会信任危机和稳定风险；四是增加法律纠纷和经济损失。因此，政府、媒体、企业和个人都应高度重视经济类网络谣言的危害性，加强监管和打击力度，提高新闻报道的真实性和客观性，加强危机管理和公关应对能力，共同维护市场的稳定和公正。

四、网络安全的构建

网络谣言问题也反映出我国网络安全构建方面存在的问题，要有效治理网络谣言问题，必须构建网络安全，形成良好、干净的网络环境。从整体角度看，网络参与者分为政府、网络媒体和网民个体，构建良好的网络环境需要共同参与努力。

（一）政府要发挥网络管理主导作用

政府作为网络管理的主导力量，需要承担主导作用。首先，增强公信力和社会信任，是政府构建网络安全、消除网络谣言的基础。相对于其他两个主体，政府具有信息优势，政府应及时公开透明的公布信息，第一时间解释和说明问题，不给网络谣言的产生留有空间。公布的信息不仅应包括解释和说明，而且应涉及事情真相，包括事件发生缘由、解决过程和调查处理结果。及时公布信息可以消除时间的模糊性，增强透明度，避免公众因信息不透明被网络谣言误导。其次，制定法律法规。我国法律还须进一步对网络谣言做出司法解释，对于造谣者及传播者给予法律惩罚，实行零容忍并存档留证，保留追诉权力。

（二）网络媒体扮演好沟通者角色

网络媒体在网络谣言传播中扮演着沟通者的角色，网络媒体更应保持与政府及网民个体之间的信息通畅。首先，网络媒体应加强自律。网络媒体的不自律是谣言频出的主要原因之一。其次，网络媒体要提升公信力、反应力、真相还原能力、辨别能力、协同力和议题设置能力，坚守网络媒体的职责，提高网络信息检测和判断能力，及时还原事件真相，阻止谣言传播。最后，加强行业制度和机制建设。行业制度和机制是网络媒体开展活动的规则和准则，是网络媒体行业发展的必要条件。行业制度建设要求制定合理合法的行业制度，提高职业道德水平。例如，加大网络信息核实力度，从源头杜绝网络谣言进入网络。对于已经传播的谣言及时辟谣，积极披露事件真相。机制建设要求网络媒体行业建立应急机制、辟谣机制和监管机制，及时回应网络舆情，加强对日常工作的监管。

（三）网民要树立正确的价值观，增强责任意识

网民是网络谣言产生和传播的主要参与者，是信息的受众。这要求网民树立正确的价值观和责任意识，主动抵御网络谣言，参与网络谣言的治理。首先，网民要树立正确价值观。虽然网络世界属于虚拟世界，但网络世界仍需要正确价值观的引导。其次，网民要提高网络文化素养。网民在日常工作和学习中要通过各种途径增加网络文化知识，提高网络信息辨识能力，规范个人上网行为，遵守网络伦理道德。最后，增强责任意识，积极参与网络谣言管理。增强网民的责任意识是网民积极参与网络谣言治理的保证。网民要清楚自身在网络谣言泛滥中的地位，才能发挥抵制网络谣言的作用。在日常上网过程中要以身作则，用正确的态度和价值观处理网络谣言，净化网络环境，维护公共网络空间的健康秩序。

第四节　维护健康的网络关系

为了维护健康的网络关系，以下是一些具体的操作建议。

一、建立正面的网络交往态度

（一）保持尊重与理解

在网络交流中，始终保持对他人的尊重，理解并接纳不同的观点和意见。避免使用侮辱性、攻击性或歧视性的语言。

（二）坦诚沟通

与他人交流时，坦诚地表达自己的想法和感受，同时倾听对方的意见，共同寻求解决问题的方法。

二、设定合理的网络边界

（一）保护个人隐私

不轻易泄露个人信息，如家庭住址、电话号码、身份证号等。同时，也要尊重他人的隐私，不随意传播他人的私人信息。

（二）筛选网络好友

审慎选择网络好友，避免与不熟悉或不可靠的人建立过深的网络关系。对于不熟悉的人，应保持适当的距离和警惕性。

三、维护网络关系的稳定性

（一）定期互动

与网络好友保持定期的互动，如发送问候、分享生活趣事等，以增进彼此的了解和信任。

（二）处理冲突

遇到网络关系中的冲突时，冷静处理，避免情绪化的回应。尝试通过沟通、协商或寻求第三方帮助来解决问题。

四、关注网络安全

（一）使用安全软件

安装并定期更新防病毒软件和防火墙，以保护个人设备和数据安全。

（二）警惕网络诈骗

不轻信陌生人的诱惑，不随意点击未知链接或下载未知附件，以防遭受网络诈骗或恶意软件的攻击。

五、培养健康的网络习惯

（一）控制上网时间

合理安排上网时间，避免长时间沉迷于网络。设定每天固定的上网时间，并确保有足够的休息和户外活动。

（二）多样化网络活动

尝试参与多种网络活动，如在线学习、社交互动、娱乐游戏等，以丰富自己的网络生活并拓宽视野。

维护健康的网络关系需要我们在态度、边界、稳定性、安全性和习惯等多个方面做出努力。只有这样，我们才能在网络世界中建立真诚、友好、可靠的人际关系，享受网络带来的便利和乐趣。

第五节　防止成为网络暴力参与者

一、什么是网络暴力

网络暴力是一种暴力方式，主要是指借助互联网这一载体，对受害者进行谩骂、抨击、侮辱、诽谤等，并对当事人的隐私权、人身安全权及其正常生活造成威胁或者某种不良影响的行为。网络暴力不仅会导致声誉危害，还可能伴随侵权责任和刑事犯罪，亟需应用文化教育、公德约束力、法律法规等方式约束。网络暴力是网友在互联网上的暴力行为，是社会发展暴力在互联网上的拓宽。网友们若要得到随意表述的支配权，还要担当起维护网络文明与公德的重任。

产生网络暴力的原因有许多：网友的匿名性，互联网欠缺规章制度和公德约束力；某些网友的素养较低；社会发展的不公平；法治与文明创建落后；等等。

二、网络暴力的影响

首先，网络暴力对个人造成的心理伤害是极其严重的。受到网络暴力攻击的人会感到无助、恐惧、焦虑、失落等，严重的甚至会引发抑郁、自杀等问题。另外，网络暴力也会对个人的社会形象和职业发展造成严重影响，甚至会影响到家庭和人际关系。

其次，网络暴力对社会的影响也是不可忽视的。大量的网络暴力事件不仅破坏了社会的和谐稳定，而且还会引发公众对网络道德和法律规范的质疑。一些网络暴力事件甚至会引起群体性事件，给社会治安带来极大的隐患和风险。

最后，网络暴力还会加剧信息的不对称和谣言的传播。网络暴力中常常伴随着虚假信息、恶意攻击等不实言论，这些信息很容易引起公众的恐慌和误解，影响社会的公信力和稳定性。同时，网络暴力也会使得真相被掩盖，影响社会的信息公开和透明度。

三、网络暴力的形式

（一）形式上的网络暴力

1. 以文字语言为形式的网络暴力

现实生活中人在生气、烦闷、情绪不定时，想要通过语言宣泄是很正常的，而现实社会中人与人的直接交往会受到道德伦理的约束，或多或少地抑制了这样一种宣泄的产生。而网络的匿名性使得这样的约束力大大减少，纵观各类网络暴力事件，不难发现，其中文字语言暴力必定不会少，粗俗、恶毒的攻击性语言推动了网络暴力的扩散，也增加了网络暴力的危害。

2. 以图画信息为形式的网络暴力

以图画信息为形式的网络暴力在网络暴力事件中也并不鲜见，如篡改他人上传网络的照片，通过对照片的篡改进行侮辱、诽谤、攻击等。

（二）性质上的网络暴力

1. 非理性人肉搜索

非理性人肉搜索最易侵犯受害者的隐私权，而参与者往往认为这是一件刺激而有趣的事，在这个过程中更多的是对自身侦察能力的窃窃自喜。

2. 充斥谣言的网络暴力

谣言的危害性是非常明显的，而且一旦发生会有愈演愈烈之势。谣言伤害了网民群体的相互信任。民众一再被造谣者愚弄，很容易变得草木皆兵，使得网络社会的信任感变得愈发的低。

（三）网络暴力的作用方式

1. 直接攻击

直接攻击是指网络暴力事件中通过直接的方式进行攻击，也就是说直接用侮辱性和攻击性的语言对当事人进行讨伐。就网络暴力而言，直接攻击的危害比较大，给当事人造成的伤害也比较明显。

2. 间接攻击

间接攻击则是通过讽刺等方式跟风发表意见，即俗称的“骂人不带脏字“，有的也选择转播他人的直接攻击进行二次攻击。

无论是哪种方式的网络暴力，无外乎都会通过虚拟世界影响现实世界，因此在应对网络暴力的过程中，任何一种方式的网络暴力都不能忽视。

四、网络暴力的应对方式

网络暴力是互联网发展历程中所孕育的危险“毒瘤”之一。网络匿名性掩护下的深深恶意，正无差别地产生伤害性。不论是“专业大咖”还是“网络红人”，抑或“无辜路人”，莫名躺枪被骂的情况时有发生。抖音曾提出了一份反网暴联合倡议，超过100万人云集响应，足见社会对于网络暴力的深恶痛绝。

言行有界，这是社会运行的基本规矩。但许多人在网上发言时却将发泄情绪作为上网的根本目的。网络暴力的危害性已经无须多言，但要实现对其的有效治理却并不容易。一方面，我国法律对保护公民个人隐私、信息安全、名誉等做出了明确规定，但维权成本依然很高，绝大多数人很难有时间和精力去完成这套流程。另一方面，需要所有上网群体联合起来抵制网络暴力。网络空间的环境生态深度影响着每一个人，更依靠着每一个人。作为网民，“围观”应当客观中立，“吃瓜”必须不伤他人，“评论”理当有理有据，“转发”需经多番思考，而不能将在现实生活中的不满化为利刃在网上刺向他人。

需要看到，各大平台是网络暴力发生的载体，理应成为推进治理的抓手。有的平台在封禁相关账号的同时，设计了“一键隔离网络暴力”模式——用户可以在隐私设置里对评论博文和发私信的人加以限制，还可以开启“评论防火墙”，由系统自动屏蔽人身攻击和恶意骚扰的内容。这些技术探索当然是必要的，但不能由一家平台单打独斗，而应该由全行业共同努力。中央网信办曾对18家平台提出统一要求，明确了监测识别、实时保护、干预处置、溯源追责、宣传曝光等处置措施。在此基础上，平台可以利用自身的技术与流量优势，一边不断针对网暴特点快速迭代反网暴功能，另一边做好用户教育，提示网暴之恶。古语云，“日拱一卒、功不唐捐”。语言暴力自古有之，但一点一滴地努力汇集起来，终将形成理性与文明的主流，压倒那些歪风邪气。

健康的互联网理应成为弥合分歧的意见场，而不能成为制造矛盾的流水线。平台、网民、立法、执法、监管等形成合力，齐抓共管，一个风清气正的网络空间就在不远的前方。

社会不容暴力横行，网络也不容暴力撒野。2022年11月，中央网信办印发《关于切实加强网络暴力治理的通知》（以下简称《通知》），旨在健全完善长效工作机制，压实网络平台主体责任，通过亮红牌、划红线的方式治理网络暴力，净化网络空间。

俗话说：“有一种伤害，叫网络暴力。”一段时间以来，从侮辱谩骂到造谣诽谤，从侵犯隐私到对立攻击，网络暴力时有发生，既污染网络世界、荼毒社会风气，也带来精神压力、造成心灵创伤。一次次猝不及防的“语言风暴”，掀起舆论波澜，影响正常生活，甚至酿成了不少悲剧。

常说“言由心生”。但是，借助互联网的隐匿性，网络上的言行经常失之于信、失之于宽，伤人于“无形”。一拥而上的口诛笔伐，看似“公平正义”，实则是情绪的宣泄、偏见的狂欢；无中生有的谩骂指责，表面上“大义凛然”，实际上却唯恐天下不乱。长此以往，网络空间就会沦为“打打杀杀”的角斗场，每个人都有可能成为网络暴力的受害者。

事实上，根治网络暴力并不容易。其中，既有溯及匿名的技术之论，也有言论表达的权利之争，更有群体性无意识的道德之困、法律之难。有人发言张口就来，经常情绪先行、理性后置，不经意间成了谣言的“二传手”、暴力的“助推者”。这提醒我们，治理网络暴力既要侧重“止于微末”的细节，也必须解决“防患于未然”的问题。

《通知》的一大特点，就在于强化了事前预防、事中监管、事后追责的治理逻辑。在预防环节上，提出“明确细化涉网暴内容标准”“构建网暴技术识别模型”“建立涉网暴舆情应急响应机制”，及时发现网暴倾向性、苗头性问题。在监管过程中，要求“设置一键防护功能”“建立快速举报通道”“加强评论环节管理”“加强重点话题群组和版块管理”，严防网暴信息传播扩散，强化对受害人的保护。在处置处罚上，明确“依法从严”的导向，对网暴相关账号分类处置，对恶意营销炒作等行为坚决打击，对失职失责网络平台严肃问责。打好这套“组合拳”，有望遏止网暴行为，扭转蔓延态势。

当然，从长远来看，只有擦亮“法治利剑”，才能对网络暴力形成震慑；只有明确“权责边界”，才能让网络暴力无从滋生。在 2021 年全国两会上，最高人民法院强调“对侵犯个人信息、煽动网络暴力侮辱诽谤的，依法追究刑事责任”，最高人民检察院也要求“从严追诉网络诽谤、侮辱、侵犯公民个人信息等严重危害社会秩序、侵犯公民权利犯罪”。这表明，谁躲在屏幕背后“恶语伤人”，谁就要为自己的行为付出相应的代价。

遏止网络暴力，是广大网友的期盼，也是网络治理的目标。让施暴者不敢施暴、不能施暴、不想施暴，让每个人都能放心对话、安心交流、舒心生活，打造一个向上向善、风清气正的网络空间，还需更加努力。

第六节　培养批判性思维能力

一、什么是批判性思维

批判性思维是一种专门的思维方式，其目的无外乎是做出更好的决策和判断事物、事情的对错。批判性思维不是为了批判而批判，而是通过分析和评估做出更好的判断。和批判性思维相对立的是海绵式思维。

批判性思维通常被视为一种超越自然思维的模式，其核心在于对思考过程的再思考。比如下围棋时候的思考就是自然思维，而复盘时候的反思就是对思考的思考。批判性思维也往往如此。一般的思考由于利益相关、立场不同、时间紧迫等等原因总会有不少偏差和误区。

二、批判性思维能力

批判性思维教育的直接目标是培育好的批判性思维者，即能够整合批判性思维的各种技能并加以有效运用，增强在其他学科学习和日常生活中运用这些有力工具的自信心、自觉性和具备良好判断力的人。好的批判性思维者既包括技能的维度，也包括气质的维度。核心批判性思维技能包括：解释（Interpretation）、分析（Analysis）、评估（Evaluation）、推论（Inference）、说明（Explanation）和自我校准（Self-regulation）。

（一）解释

解释是指理解和表达变化多样的经验、情景、数据、事件、惯例、信念、规则、程序、标准的意义或重要性。

（1）范畴归类。使用范畴对信息进行归类、区分，并理解、描述其特征和意义。例如，识别一个问题并无偏见地定义其性质；确定对信息进行分类及亚分类的有用方法；使用特定的分类框架对数据、发现或意见进行分类；等等。

（2）解读意义。觉察、关注和描述信息内容、情感表达、目的、社会意义、价值、见解、规则、程序、标准等。比如，察觉、描述一个人询问某个问题的目的；鉴别特定社会情景中一个特殊面部表情或手势的意义；洞悉辩论中反讽或修辞式询问的使用；解释使用特殊仪器获得的数据。

（3）澄清含义。通过限定、描述、类比或比喻性的表达式来解释或澄清语词、观念、概念、陈述、行为、图画、数字、记号、图表、符号、规则、事件或仪式等的语境的、惯例的或意欲的含义，消除混淆、模糊或歧义，或者为这种消除设计一个合理的程序。

（二）分析

分析是指辨识陈述中意欲的和实际的推论关系，辨识问题、概念、描述或其他表达信念、判断、经验、理由、信息或意见的表征形式。

（1）审查理念。确定各表达式在论证、推理或说服语境中扮演或企图扮演的角色；定义概念；比较概念或陈述；辨识难题或问题，并确定它们的组成部分，同时确定它们之间以及它们每一部分和整体之间的概念上的关系。

（2）发现论证。确定陈述、描述、质疑或图表是否表达或企图表达一个（或一些）理由以支持或反对某个主张、意见或论点。

（3）分析论证。对于那些意欲支持或反对某一主张之理由的表述，辨识它的：①主结论；②支持主结论的前提或理由；③深层前提或理由（用以支持主结论之前提的前提或理由）；④推理的其他未表达因素，如间接结论、未陈述假设或预设；⑤论证的整个结构或推理链；⑥审查那些并不打算作为所述推理的一部分，但作为背景性的、包括在表述整体之内的任何项目。

三、如何培养青少年的批判性思维能力

青少年时期是人们认知和思维能力发展最为关键的时期之一。培养青少年的批判性思维能力对于他们的个人成长和未来成功至关重要。批判性思维能力是指独立思考、分析问题、评估信息的能力，下面将介绍一些有效的方法来帮助青少年培养批判性思维能力。

（一）提供启发性学习环境

青少年应该处于一个激发思考的环境中。学校、家庭和社区应创造积极的学习氛围，鼓励学生独立思考和质疑。教师和家长可以提供一系列有挑战性的问题，引导学生进行探索和讨论。此外，开展团队合作和辩论活动，可以激发青少年思辨和批判的意识。

（二）培养信息获取和分析能力

培养青少年的信息获取和分析能力是培养批判性思维的重要一环。学校应该加强信息素养教育，教导学生如何正确获取各种信息来源，并培养他们对信息的评估和筛选能力。此外，可以教导青少年如何运用各种资源进行独立调研和信息分析，以培养他们独立思考和判断的能力。

（三）开展逻辑思维训练

逻辑思维是批判性思维的重要组成部分。开展逻辑思维训练，可以帮助青少年培养正确的思维方式和逻辑推理能力。学校可以设置课程或活动来教导学生基本的逻辑原理，如因果关系、逻辑推理、演绎法等。此外，提供一些逻辑谜题和问题，鼓励学生进行推理和解答，有助于锻炼他们的逻辑思维能力。

（四）培养批判性阅读和写作技巧

批判性思维与阅读和写作密不可分。青少年应该培养阅读和写作的兴趣，并从中发展批判性思维能力。学校和家庭应鼓励青少年阅读各种类型的书籍和文章，并引导他们进行深入的思考和分析。同时，培养批判性写作能力也是至关重要的，写作可以让青少年表达自己的观点、分析问题，并提出合理的解决方案。

（五）引导思考现实生活问题

批判性思维是解决现实问题的重要工具。教师和家长可以引导青少年将学习与实际问题相结合，鼓励他们思考和解决社会、环境、伦理等方面的问题。让青

少年参与社会实践和志愿者活动，从实际经验中获得批判性思维的锻炼，培养他们独立思考和解决问题的能力。

总结起来，培养青少年的批判性思维能力需从提供激发思考的环境、加强信息素养教育、开展逻辑思维训练、培养批判性阅读和写作技巧，以及引导其思考现实生活问题等多方面入手。这些方法应该在学校和家庭中得到充分的重视和实践。通过这些努力，青少年将培养出优秀的批判性思维能力，为他们未来的成功打下坚实的基础。

第七节　正确分享个人信息的准则

正确分享个人信息的准则：保护隐私，安全先行。

在数字化时代，个人信息已成为连接我们与世界的桥梁。从社交媒体上的日常分享到在线购物的支付，个人信息无处不在。然而，随着信息的广泛流通，如何正确分享个人信息成为一个至关重要的问题。本节旨在探讨正确分享个人信息的准则，帮助我们在享受数字便利的同时，有效保护个人隐私和安全。

一、认识个人信息的价值

个人信息包括姓名、联系方式、家庭住址、身份证号、银行账户等，都是极其敏感且珍贵的。这些信息一旦泄露，可能导致身份盗用、财务损失、骚扰甚至更严重的安全问题。因此，我们必须认识到个人信息的价值，时刻警惕其安全性。

二、明确分享原则

（一）必要性原则

在分享个人信息之前，首先要判断该信息是否必须分享。如果某项服务或交易不需要特定信息，就应避免提供。

（二）最小化原则

尽量只分享完成任务所需的最少信息。例如，在注册网站时，如果可选信息不是必需的，就选择不提供。

（三）明确同意原则

在分享个人信息之前，应确保自己充分了解信息将被如何使用、存储和分享，并明确同意这些条款。

三、识别风险环境

（一）公共平台

在社交媒体等公共平台上分享个人信息时，要特别小心。避免公开过于详细的信息，如家庭住址、电话号码等。

（二）不安全的网络连接

使用公共 Wi-Fi 或未加密的网络时，不要进行敏感信息的传输，如网银操作或登录重要账户。

（三）未知来源的应用和服务

在下载应用或注册服务前，要仔细查看其隐私政策，避免使用那些要求过多个人信息或隐私政策不明确的服务。

四、增强自我保护意识

（一）定期更新密码

使用复杂且独特的密码并定期更换，以减少账户被破解的风险。

（二）启用双重验证

对于重要的在线账户，如电子邮件、社交媒体和银行账户，启用双重验证可以增加额外的安全保障。

（三）监控账户活动

定期检查账户活动记录，及时发现并处理任何异常登录或操作。

五、法律与权益

了解并维护自己的隐私权。如果发现自己的个人信息被滥用或泄露，应立即向相关部门报告，并寻求法律援助。同时，积极参与公众讨论，推动建立更加完善的个人信息保护法律法规。

正确分享个人信息，不仅是对自己负责的表现，也是对社会负责的表现。在这个信息爆炸的时代，让我们共同努力，遵循上述准则，保护好自己的隐私，享受安全、便捷的数字生活。记住，每一次点击分享都是对自己隐私的一次考验，让我们以智慧和谨慎守护好这份宝贵的财富。

【知识链接】

4G 与 5G 技术对网络安全的影响

现代社会已经逐渐步入无线通信时代，4G 和 5G 技术的广泛应用带来了越来越多的网络安全威胁。4G 和 5G 技术对网络安全带来哪些影响？下面将从技术特点、安全风险和安全解决方案三个方面进行探讨。

一、4G 技术对网络安全的影响

从技术特点方面来看，4G 技术是一种高速移动互联网技术，它能够实现高速下行和上行传输。然而，4G 技术的安全性并非完美。在 4G 技术中，通信数据是通过移动网络转发的，这些移动网络由多个不同的运营商共同提供，因此很难保证数据的安全性。同时，4G 技术中的漏洞也可能被黑客利用，从而发生网络攻击。

二、5G 技术对网络安全的影响

相对于 4G 技术，5G 技术具有更快的传输速度、更低的延迟和更大的容量，但是也存在更多的安全隐患。5G 技术体现了超高频、超密集网络和广泛覆盖的特点，这些都在一定程度上增加了网络攻击的风险。此外，5G 技术的安全性也会受到网络切片、边缘计算等新技术的影响，如何应防范这些新兴技术所带来的安全风险成为挑战。

三、4G/5G 安全风险

4G 和 5G 技术的应用也产生了多种的安全风险，主要有以下几种：

（1）窃听和数据泄露：4G/5G 网络是被黑客盯上的高价值目标，他们会利用一些技术手段来窃取网络信息，窃取敏感数据。

（2）中间人攻击：指的是黑客采用中间人的身份冒充两个或多个通信用户之间的通信过程，窃取传输的数据。在 4G/5G 网络中这种攻击也十分常见。

（3）身份伪造攻击：指的是黑客利用某些漏洞伪造身份，甚至通过恶意软件攻击用户的移动设备，从而获取用户的敏感信息。

（4）DNS 劫持：黑客通过攻击 DNS 服务器掌控域名解析的过程，在用户访问网站的过程中替换用户要访问的真实 IP 地址为欺骗的 IP 地址，从而进一步获取用户的权限。

（5）恶意软件攻击：黑客通过各种途径在用户的移动设备上安装恶意软件，窃取用户信息。

四、4G/5G 安全解决方案

为了减少 4G/5G 网络安全风险，必须实施以下措施：

（1）通信加密和身份验证：在 4G/5G 网络中，通信加密和身份验证是防范数据泄露和解决用户身份伪造攻击的最有效方法。只有通过身份验证后，用户才能够访问网络。

（2）网络监控和预警：黑客攻击的形式和方式越来越复杂，网络安全对于企业和个人都是至关重要的。建立安全体系，对于网络安全威胁的监测和预警，即时检测异常情况以便及时进行应对措施。

（3）防火墙技术：防火墙技术的应用可以有效防止黑客进行恶意攻击，提高网络传输的安全性。通过策略控制实现网络端口限制等复杂的安全策略，来保证设备的安全。

（4）信息安全培训和意识普及：企业和组织应开展相关安全教育，使员工认识到安全的重要性。具体而言，企业应按照个人操作权限设置访问级别，隔离数据，减少人为操作带来的安全威胁。

4G 和 5G 技术的快速发展对于网络安全的保障越来越重要。如果我们希望保护我们自己和企业的网络安全，就必须采取一系列切实有效的措施，如加密通信、身份认证、网络监控预警等手段。

第四章　网络礼仪与道德规范

第一节　网络礼仪基本规则

一、什么是网络礼仪

网络礼仪是互联网使用者在网上对其他人应有的礼仪，真实世界中，人与人之间的社交活动有不少约定促成的礼仪，在互联网虚拟世界中，也同样有一套不成文的规定及礼仪，即网络礼仪，供互联网使用者遵守。忽视网络礼仪，可能会对他人造成骚扰，甚至引发网上骂战或抵制等事件，虽然不会像真实世界动武般造成损伤，但对当事人也不会是一种愉快的经验。

二、十条网络礼仪规则

网络礼仪的实质是使网络活动有组织、讲文明。下面讲述十条核心规则以及其后的解释，当作网络行为的基本礼仪规范。

（一）记住别人的存在

互联网给予来自五湖四海的人们一个共同的地方聚集，这是高科技的优点，但往往也使得我们面对着电脑荧屏忘了我们是在跟其他人打交道，我们的行为也因此容易变得更粗劣和无礼。因此第一条网络礼仪规则就是“记住别人的存在”。当面不会说的话，在网上也不要说。

（二）网上网下行为一致

在现实生活中大多数人是遵法守纪的，同样地在网上也应如此。网上的道德和法律与现实生活是相同的，不要以为在网上与人交往就可以降低道德标准。

（三）入乡随俗

同样是网站，不同的论坛有不同的规则。在一个论坛可以做的事情在另一个论坛可能不易做。比方说在聊天室打哈哈发布传言和在一个新闻论坛散布传言是不同的。最好的建议是：先爬一会儿墙头再发言，这样你可以知道论坛的气氛和可以接受的行为。

（四）尊重别人的时间和带宽

在提问题以前，先自己花些时间去搜索和研究。很有可能同样的问题以前已经被问过多次，现成的答案随手可及。不要以自我为中心，别人为你寻找答案需要消耗时间和资源。

（五）给自己在网上留个好印象

因为网络的匿名性质，别人无法从你的外观来判断，因此你的一言一语成为别人对你印象的唯一判断。如果你对某个方面不是很熟悉，找几本书看看再开口。同样地，发帖以前仔细检查语法和用词。不要故意挑衅和使用脏话。

（六）分享你的知识

除了回答问题以外，当你提了一个有意思的问题而得到很多回答，特别是通过电子邮件得到回答以后，你应该写份总结与大家分享。

（七）平心静气地争论

争论与大战是正常的现象。要以理服人，不要人身攻击。

（八）尊重他人的隐私

别人与你用电子邮件或私聊（ICQ/QQ）的记录应该是隐私的一部分。如果你认识某个用笔名上网的人，在论坛未经同意将他的真名公开也不是一个好的行为。如果不小心看到别人打开电脑上的电子邮件或秘密，不应该到处广播。

（九）不要滥用权利

管理员版主比其他用户有更多权利，他们应该珍惜这些权利。游戏室内的高手应该对新手手下留情。

（十）宽容

我们都曾经是新手，都会有犯错误的时候。当看到别人写错字、用错词、问一个低级问题或者写篇没必要的长篇大论时，不要在意。如果你真的想给他建议，最好用电子邮件私下提议。

三、网络礼仪的应用

（一）电子邮件的撰写和发送

在撰写电子邮件时，尤其是撰写多个邮件或邮件内容较多时，应在脱机状态下撰写，并将其保存于发件箱中。然后在准备发送时连接网络，一次性发送。在写英文电子邮件时，不要清一色采用大写字母，要注意英文书写的规则。

在电子邮件的“主题”或“标题”一栏，一定要写清楚信件的主题或标题，多几个字没关系，以免什么都没写，对方会认为是恶意邮件在没被打开之前就将其删除了。

在撰写内容时，应遵照普通信件或公文所用的格式和规则。邮件正文要简洁，不可长篇大论，以便收件人阅读。用语要礼貌，以示对收件人的尊重。

一定要注意不要在无意间泄露了个人隐私、国家机密，而造成无可挽回的损失。

如果你在发信时还另外加了附件，一定要在信件内容里加以说明，以免对方不注意时没看到。

（二）接收和回复电子邮件

接收和回复电子邮件时，要注意下面两点：

（1）应当定期打开收件箱查看邮件，以免遗漏或耽误重要邮件的阅读和回复。一般应在收到邮件后的当天予以回复。如果涉及较难处理的问题，要先告诉对方你已收到邮件，来信处理后会及时给以正式回复。

（2）对于那些标题是稀奇古怪的或者干脆没有标题、发信人的，不要出于好奇而随便打开。在各种病毒肆虐的今天，“中毒”的概率实在太高了。

（三）注意保存和删除电子邮件

因为信箱空间有限，而且现在有些网站还对邮件进行了自动删除管理，所以定期整理收件箱、对不同邮件分别予以保存和删除非常重要。

对于有价值的邮件，必须保存或者在复制后进行专门保留。

对于和个人、学习等无关的垃圾邮件或者已无实际价值的商业推销邮件，要及时删除。

（四）信息的查阅

在查阅信息的时候应当遵守以下规则：

（1）目标明确。对于所需查找的内容和相关网址，应提前做好准备，有明确的目标，以便上网后直奔主题。特别是不能登录色情、反动网站。很多色情、反动网站还另有黑客程序，只要打开一次后，一些黄色、反动内容会自动下载到你的电脑里、桌面上，如果你对电脑不够精通的话，根本删不掉。

（2）用语规范。在网上与人交流时，应当用语规范，不得以为别人看不到你而随便使用攻击性、侮辱性的话。另外，电脑有自身独特的语言符号系统，如表情符（:Ɔ表示微笑，:C 表示皱眉，:I 表示冷漠，:D 表示大笑等）、缩略语（BTW 表示“顺便说一句”，FYI 表示“仅供参考”，OTOH 表示“另一方面”，IMHO 表示“据我愚见”）等。对于上述语言符号，应当谨慎使用，不得滥用，以免对方不理解而导致交流受阻。

（3）自我保护。为维护自身形象、学校形象，不要以学校或班级名义在网上任意发表个人对时事的见解，尤其不能泄露学校信息、国家机密。不要随便在网上留下单位电话、个人联系方式、个人消息，以免被骚扰。

（五）保密和“防黑”

除了收发电子邮件和查阅资料外，互联网还能向人们提供其他各种服务，如网上聊天、制作个人主页、网上购物、电子公告板以及网络游戏等。

在网上聊天、制作个人主页、网上购物、使用电子公告板、玩网络游戏等时要注意：在网上和人聊天时，进入聊天室应先打招呼；不必使用真名，可用表现自身特点的别名，但一旦确定，不宜频频更换，以便交流；交谈时用到英文时不可全部用大写英文字母；等等。人们在社交场合交谈的一般规则都适用于网上聊天。

第二节　尊重他人隐私的重要性

在当今信息化、数字化的社会中，个人隐私的保护成为一个日益凸显的全球性问题。随着科技的飞速发展，个人信息泄露的风险不断增加，对个人隐私权的尊重与保护不仅关乎个体的基本权利与自由，也是维护社会稳定、促进信任与合作的重要基石。本节旨在深入探讨尊重他人隐私的重要性，分析其对社会伦理、法律关系、经济发展以及个人心理健康等多方面的影响，并提出相应的建议，以期提升公众对隐私保护的认识与重视程度。

一、尊重隐私对社会伦理的维护

隐私，作为个人自由与尊严的重要组成部分，是指个体在不受外界干扰的情况下，自主决定个人信息的公开程度与范围的权利。随着大数据、云计算、人工智能等技术的广泛应用，个人数据被大量收集、分析与利用，为经济社会发展带来了前所未有的机遇，但同时也对个人隐私权构成了严峻挑战。因此，尊重他人隐私不仅是道德要求，也是法律义务，其重要性不容忽视。

（一）个人尊严与自由

隐私权的保护是个人尊严与自由的基本体现。每个人都有权决定自己的生活如何被外界知晓，这种控制权对于维护个人身份、信仰、生活方式的选择至关重要。缺乏隐私保护，个体可能面临被监视、评判甚至操控的风险，导致个人自由受限，尊严受损。

（二）社会信任与和谐

尊重隐私有助于建立和维护社会成员之间的信任关系。当个体确信自己的私人信息得到妥善保护时，他们更愿意开放交流，分享想法与经验，从而促进社会信息的流通与创新。反之，频繁的隐私侵犯会加剧社会的不信任感，影响人际关系，甚至引发社会冲突。

二、尊重他人隐私的重要性

在人际交往日益频繁的现代社会，尊重他人隐私已成为衡量个人素养和社会文明程度的重要指标。隐私，作为个人生活的一部分，涉及个人的情感、思想、行为习惯及个人信息等多个层面，是个人自由与尊严的体现。尊重他人隐私，不仅是对他人权利的尊重，更是构建和谐社会与人际信任的基石。

（一）维护个人尊严与自由

隐私是个体自我认同和尊严的重要组成部分。它允许个人在不受外界干扰的情况下，自由地表达思想、情感和选择生活方式。尊重他人隐私，意味着给予他人一个私人空间，让他们能够自由地思考、感受和成长，从而维护其作为独立个体的尊严与自由。

（二）促进人际信任与和谐

隐私的尊重是建立人际信任的基础。当个人感受到自己的隐私得到尊重时，会更加倾向于信任他人，愿意开放心扉，进行更深层次的交流。这种基于相互尊重的信任，有助于增进人与人之间的理解和支持，减少误解和冲突，从而构建和谐的人际关系。

（三）防止信息滥用与伤害

不尊重他人隐私，往往伴随着信息的滥用。个人信息的泄露可能导致身份盗用、名誉损害甚至人身安全威胁。尊重隐私，意味着保护个人信息不被非法获取和利用，防止信息泄露带来的种种负面影响。

（四）维护社会秩序与公正

在更宏观的层面上，尊重隐私也是维护社会秩序和公正的需要。当个人隐私权得到法律和社会各界的尊重时，可以有效防止权力滥用，保障公民的基本权利和自由，促进社会的公平与正义。

（五）促进信息时代的健康发展

在信息时代，个人信息已成为重要的资源。尊重隐私，意味着在数据的收集、使用、存储和传输过程中，必须遵循合法、正当、必要的原则，确保个人信息安全，促进信息技术的健康发展和社会经济的繁荣。

三、尊重隐私对个人心理健康的作用

（一）减少焦虑与压力

隐私泄露常伴随个人信息安全感的丧失，可能引发焦虑、恐惧等负面情绪，长此以往甚至影响个人的心理健康。尊重隐私，确保个人信息的安全，有助于减轻这种心理负担，提升生活质量。

（二）自我认知与成长

在隐私得到保护的环境中，个体能够更加自由地探索自我，进行个人成长与发展，而不必担心因隐私泄露而遭受负面评价或歧视，这对于青少年的心理成长尤为重要。

四、尊重他人隐私的建议

综上所述，尊重他人隐私不仅是道德上的责任，也是维护社会稳定、促进经济发展、保障个人权益的必然要求。为加强隐私保护，提出建议如下：

（1）完善法律法规：继续加强隐私保护相关法律的制定与修订，明确数据收集、处理、传输的标准与限制。

（2）提升公众意识：通过教育与宣传，提高公众对个人隐私保护的认识，鼓励个人主动采取措施保护自己的隐私。

（3）加强监管与执法：建立健全隐私保护监管体系，加大对违法行为的查处力度，确保法律得到有效执行。

（4）推动技术创新：鼓励研发更加安全、高效的隐私保护技术，为企业和个人提供更加坚实的隐私保障。

通过上述措施的实施，我们有望构建一个更加尊重隐私、安全可信的社会环境，促进人与社会的和谐共生。

尊重他人隐私，不仅是一种道德责任，也是社会文明进步的体现。它要求我们在日常生活中，时刻关注他人的隐私需求，避免无意的侵犯和伤害。同时，也需要社会各界共同努力，通过法律、教育、技术等多种手段，提升公众对隐私权的认识，共同营造一个尊重隐私、保护隐私的社会环境。在这样一个环境中，每个人都能在保障个人隐私的同时，享受更加自由、安全、和谐的生活。

第三节　诚信在线交往的原则

随着互联网的普及和发展，在线交往已经成为人们日常生活中不可或缺的一部分。然而，由于网络环境的虚拟性和匿名性，诚信问题成为在线交往中的一大挑战。为了建立和维护一个健康、和谐、可信的在线交往环境，以下是一些关于诚信在线交往的重要原则。

一、平等自愿原则

在线交往应在平等自愿的基础上进行。每个用户都应得到应有的尊重，不应因个人喜好或利益而强行纠缠他人。同时，用户有权选择是否与他人交往，以及交往的方式和内容。这一原则确保了在线交往的自主性。

二、真诚相待原则

真诚是诚信在线交往的核心。尽管网络交往是虚拟的，但用户之间的交往仍应秉持真诚的态度。在交流中，应避免使用虚假信息或故意隐瞒真相，以免误导他人或造成不必要的误解。通过真诚相待，彼此之间的了解和信任可以增进，从而建立更加稳固的在线关系。

三、守信原则

守信是在线交往中的基本要求。一旦在在线交往中做出了承诺或约定，就应尽力履行，不应轻易违背。守信不仅体现了个人道德品质，也是维护网络信任的重要基石。通过守信行为，个人可以树立在网络中的良好形象，赢得他人的尊重和信任。

四、保护隐私原则

在在线交往中，用户的个人隐私应得到充分保护。不应无故窥探、泄露或滥用他人的个人信息。同时，用户也应自觉遵守相关隐私保护规定，避免将个人信息随意公开或传播。保护隐私不仅是对他人的尊重，也是维护个人权益和安全的重要措施。

五、善意无害原则

在线交往中，用户应以善意为出发点，至少不应损害他人或网络空间社会整体的利益。传播正能量、分享有益信息等，可以为网络环境注入积极向上的氛围。同时，用户还应避免发布或传播恶意信息、谣言等有害内容，以免对网络环境造成负面影响。

六、遵守法律法规原则

在线交往应严格遵守国家法律法规和相关政策规定。不得从事任何违法活动，如网络诈骗、色情信息传播等。通过遵守法律法规，可以维护网络秩序和公共安全，保障用户的合法权益。

七、慎独原则

慎独是道德修养中的优良传统，也适用于在线交往。在无人监督的情况下，用户仍应自觉遵守道德规范和行为准则，不做出违背诚信原则的行为。慎独修炼可以提升个人的道德品质和自律能力，为建立良好的网络人际关系提供有力保障。

诚信在线交往的原则包括平等自愿、真诚相待、守信、保护隐私、善意无害、遵守法律法规以及慎独等。这些原则共同构成了健康、和谐、可信的在线交往环境的基础。只有每个用户都自觉遵守这些原则，才能共同营造一个更加美好的网络世界。

第四节　负责任地使用网络资源

随着互联网的飞速发展，网络资源已经成为现代社会不可或缺的一部分。它们为我们提供了无尽的信息、知识和娱乐，但同时也带来了责任和挑战。负责任地使用网络资源，不仅关乎个人道德和法律责任，也关系到整个社会的和谐与发展。以下是一些关于负责任地使用网络资源的原则与实践建议。

一、尊重知识产权

（1）合法获取与分享：尊重原创作品的知识产权，不非法下载、复制或传播受版权保护的内容。在分享信息时，注明来源和作者，避免侵犯他人的版权。

（2）支持正版：购买和使用正版软件、音乐、电影等数字产品，抵制盗版行为，支持创作者和版权持有者的合法权益。

二、维护网络安全

（1）保护个人信息：谨慎处理个人数据，不轻易透露敏感信息，如身份证号、银行账户等。使用强密码并定期更换，防止账户被盗。

（2）防范网络攻击：不点击可疑链接或下载未知来源的文件，以防病毒和恶意软件的入侵。安装并更新安全软件，以防御潜在的网络安全威胁。

三、促进文明交流

（1）尊重他人：在网络交流中，保持礼貌和尊重，避免使用侮辱性、歧视性或攻击性的语言。尊重他人的观点和意见，以开放和包容的心态进行对话。

（2）倡导理性讨论：在社交媒体和论坛中，鼓励理性、客观和有建设性的讨论。避免传播虚假信息、谣言或仇恨言论，以维护网络环境的健康和秩序。

四、保护未成年人

（1）监督儿童上网：家长和教育者应监督儿童的上网行为，确保他们不接触不适宜的内容，如暴力、色情或非法信息。

（2）培养网络素养：培养儿童的网络素养，包括识别网络风险、保护个人信息和遵守网络规则的素养。通过教育和引导，帮助他们建立健康的网络使用习惯。

五、积极参与网络治理

（1）举报违法行为：发现网络上的违法行为或不良内容时，及时向相关部门举报，以维护网络环境秩序。

（2）参与网络公益活动：积极参与网络公益活动，如网络安全教育、网络谣言辟谣等，为构建健康的网络环境贡献自己的力量。

六、自我约束与自我管理

（1）合理安排时间：合理安排上网时间，避免过度沉迷网络，影响日常生活和学习。设定时间限制，提醒自己适时休息，保持身心健康。

（2）培养兴趣爱好：除了网络娱乐外，培养多样化的兴趣爱好，如阅读、运动、艺术创作等，以丰富自己的生活体验和精神世界。

总之，负责任地使用网络资源是每个网民应尽的责任和义务。通过遵守上述原则和实践建议，我们可以共同营造一个健康、安全、文明和和谐的网络环境。让我们携手努力，共同推动网络空间的健康发展和社会的全面进步。

第五节　维护公共秩序与社会和谐

维护公共秩序与社会和谐是构建文明社会、促进国家长治久安的重要基石。以下是对这一主题的详细阐述。

一、维护公共秩序的重要性

（一）保障社会正常运转

良好的公共秩序是社会各项活动有序进行的基础，包括交通、商业、教育、医疗等多个领域。当公共秩序得到良好维护时，社会资源能够得到有效利用，人们的生活和工作能够高效、顺利地进行。

（二）现社会文明程度

公共秩序的好坏直接反映了一个社会的文明程度。在公共场所自觉遵守秩序，尊重他人，是文明社会的基本要求。良好的公共秩序有助于培养人们的道德观念和法律意识，提升整个社会的道德水平和法治意识。

（三）法律的要求

根据相关法律法规，如《中华人民共和国治安管理处罚法》等，扰乱公共秩序的行为将受到法律的制裁。这体现了法律对公共秩序的维护和保障作用。

二、维护公共秩序的措施

（一）法律手段

（1）制定和完善法律法规：明确扰乱公共秩序的行为类型和相应的法律后果，为执法提供法律依据。

（2）严格执法：对于违反公共秩序的行为，执法部门应依法进行处罚，以维护法律的权威性和公共秩序的稳定性。

（二）道德手段

（1）加强道德教育：通过家庭、学校和社会等渠道，加强对公众的道德教育，培养人们的文明习惯和公共意识。

（2）广泛宣传：利用各种媒体和宣传手段，广泛宣传公共秩序的重要性，引导人们自觉遵守公共场所的秩序。

（3）设置标识和提示：在公共场所设置明显的标识和提示，引导人们的正确行为，减少扰乱公共秩序的行为发生。

三、维护社会和谐的重要性

（1）促进经济发展：社会和谐为经济发展提供了稳定的社会环境，有助于吸引投资、促进产业升级和经济增长。

（2）提升人民幸福感：社会和谐意味着人们之间的冲突和矛盾减少，人们能够享受到更加安全、舒适和便捷的生活环境，从而提升人民的幸福感。

（3）增强人民凝聚力：社会和谐有助于增强人民的凝聚力和向心力，促进各民族、各地区之间的团结和协作，共同推动国家的发展。

四、维护社会和谐的措施

（一）正确处理人民内部矛盾

（1）坚持以人民为中心的发展思想：把改善人民生活作为正确处理改革与发展关系的结合点，把维护人民群众的合法权益作为出发点和落脚点。

（2）健全利益协调机制：适应我国社会结构和利益格局的发展变化，准确把握现阶段我国社会矛盾的规律和特点，完善利益表达、矛盾调处和权益保障机制。

（二）加强社会治安防控体系建设

（1）完善城乡社区服务和管理网络：加强城乡社区建设，完善社区服务和管理体系，提高基层社会治理能力。

（2）创新社会治安综合治理方式：充分发挥群防群治组织的作用，坚持打防结合、预防为主，依法严厉打击刑事犯罪活动，维护社会稳定。

（三）推进法治建设

（1）加强法律法规的制定和完善：为构建和谐社会提供有力的法律保障。

（2）加强执法和司法公正：确保法律面前人人平等，维护社会公平正义。

综上所述，维护公共秩序与社会和谐是相辅相成的两个方面。通过法律手段、道德手段以及加强社会治安防控体系建设、推进法治建设等措施，我们可以共同营造一个文明、和谐、有序的社会环境。

第六节　青少年在网络空间的责任感培养

随着信息技术的飞速发展，网络空间已成为青少年学习、娱乐和社交的重要平台。然而，网络环境的复杂性和匿名性也给青少年带来了诸多挑战。为了培养青少年在网络空间的责任感，我们需要从多个方面入手，包括网络风险防护知识、网络道德规范教育、网络法治意识、网络民主教育、情感体验深化教育、社会责任认同意识、网络自我认同教育以及网络道德行为内化等。

一、网络风险防护知识

网络风险无处不在，青少年需要掌握基本的风险防护知识，如识别网络诈骗、保护个人隐私、避免泄露敏感信息等。学校、家庭和社会应共同协作，通过开设相关课程、举办讲座、提供咨询服务等方式，向青少年普及网络风险防护知识，帮助他们树立正确的网络安全意识。

二、网络道德规范教育

网络道德规范是青少年在网络空间中行为的基本准则。我们应引导青少年树立尊重他人、诚实守信、友善互助等网络道德观念，教育他们不发布虚假信息、不恶意攻击他人、不传播不良内容等。同时，还应通过案例教育、情景模拟等方式，让青少年深刻认识到网络道德的重要性，从而自觉遵守网络道德规范。

三、网络法治意识

网络法治意识是青少年在网络空间中自我保护的重要武器。我们应向青少年普及网络法律法规，如《中华人民共和国网络安全法》等，让他们了解网络违法的后果和法律责任。同时，还应教育青少年学会运用法律手段维护自己的合法权益，如举报网络侵权行为、寻求法律援助等。

四、网络民主教育

网络民主是现代社会民主发展的重要趋势。我们应引导青少年积极参与网络民主建设，如参与网络调查、发表网络意见等，培养他们的民主意识和参与能力。同时，还应教育青少年在网络空间中尊重他人意见、理性表达观点，共同营造一个和谐、民主的网络环境。

五、情感体验深化教育

情感体验是青少年成长过程中的重要组成部分。在网络空间中，青少年应学会关心他人、理解他人、尊重他人，通过情感交流增进彼此之间的了解和信任。我们应鼓励青少年积极参与网络公益活动，如为贫困地区捐款捐物、为弱势群体提供帮助等，培养他们的同情心和责任感。

六、社会责任认同意识

社会责任认同意识是青少年在网络空间中承担社会责任的基础。我们应教育青少年认识到自己作为网络公民的责任和义务，如维护网络秩序、传播正能量、抵制网络暴力等。同时，还应引导青少年积极参与网络治理，如举报网络违法行为、参与网络文明建设等，共同营造一个健康、文明的网络环境。

七、网络自我认同教育

网络自我认同是青少年在网络空间中形成自我认知的重要过程。我们应引导青少年正确认识自己在网络空间中的角色和定位，学会自我反思和自我调整。同时，还应鼓励青少年积极展示自己的才华和特长，如参与网络文学创作、制作网络视频等，培养他们的自信心和创造力。

八、网络道德行为内化

网络道德行为内化是青少年在网络空间中形成责任感的关键环节。我们应通过长期的教育和引导，让青少年将网络道德规范内化为自己的行为准则，自觉抵制网络不良行为。同时，还应建立有效的激励机制和惩罚机制，对遵守网络道德规范的青少年给予表彰和奖励，对违反网络道德规范的青少年进行批评和教育。

总之，青少年在网络空间的责任感培养是一个长期而复杂的过程。我们需要从多个方面入手，共同营造一个健康、文明、和谐的网络环境，为青少年的成长和发展提供有力的支持。

第七节　案例分析：网络行为失范实例

随着互联网的普及和信息技术的发展，网络空间已成为人们日常生活不可或缺的一部分。然而，与此同时，网络行为失范现象也层出不穷，给社会和个人带来了诸多负面影响。以下是一些典型的网络行为失范实例，包括恶意造谣传播、网络暴力言论、侵犯他人隐私、非法信息交易、诈骗行为频发、盗版侵权泛滥、散布色情内容以及破坏网络环境等方面。

一、恶意造谣传播案例

案例概述：

在某社交媒体平台上，一名用户发布了关于某知名人士的不实言论，声称其涉及违法违纪行为。该言论迅速在网络上传播，引发了大量网友的关注和讨论。尽管后来事实证明该言论纯属虚构，但已经对当事人的名誉和形象造成了严重损害。

分析：

恶意造谣传播是一种典型的网络行为失范现象。它不仅侵犯了他人的名誉权，还可能导致社会信任危机和公众恐慌。因此，我们应该加强对网络言论的监管，严厉打击恶意造谣传播行为，维护网络空间的清朗和公正。

二、网络暴力言论案例

案例概述：

在某网络论坛中，一名网友因为对某个社会热点事件发表了不同意见，遭到了其他网友的恶意攻击和谩骂。这些攻击和谩骂不仅损害了个人名誉，还包含人身攻击和侮辱性言论。该网友因此承受了巨大的心理压力和困扰。

分析：

网络暴力言论是一种严重的网络行为失范现象。它违背了网络文明和道德规范，损害了网络空间的和谐与稳定。我们应该倡导理性讨论和文明交流，加强网络教育和引导，提高网民的文明素养和道德水平。

三、侵犯他人隐私案例

案例概述：

一名黑客通过非法手段获取了某知名人士的社交媒体账号和密码，并公开了该账号中的私人聊天记录和照片。这些聊天记录和照片包含大量个人隐私信息，对当事人的生活和工作造成了严重影响。

分析：

侵犯他人隐私是一种违法的网络行为。它严重侵犯了他人的合法权益。我们应该加强网络安全保护，提高个人信息安全意识，严厉打击侵犯他人隐私的行为。

四、非法信息交易案例

案例概述：

在某暗网平台上，有人公开出售包含大量个人隐私信息的数据库。这些数据库涵盖了各种敏感信息，如身份证号、银行账户密码等。这些信息的泄露可能导致严重的经济损失和个人安全问题。

分析：

非法信息交易是一种极其危险的网络行为失范现象。它不仅侵犯了他人的隐私权，还可能引发更严重的犯罪活动。我们应该加强网络安全监管，打击非法信息交易行为，保护个人信息的安全。

五、诈骗行为频发案例

案例概述：

近年来，网络诈骗案件层出不穷。一些不法分子通过网络平台发布虚假信息或冒充他人身份，诱骗网民进行转账或提供个人信息。这些诈骗行为不仅给受害者带来了经济损失，还严重破坏了网络空间的信任环境。

分析：

网络诈骗是一种极其恶劣的网络行为失范现象。它严重侵犯了网民的财产权。我们应该加强网络安全教育和宣传，提高网民的防范意识和识别能力，严厉打击网络诈骗行为。

六、盗版侵权泛滥案例

案例概述：

在网络空间中，盗版侵权现象十分普遍。一些不法分子通过网络平台非法传播、复制和销售他人的作品，如音乐、电影、软件等。这些行为不仅侵犯了原创者的知识产权，还破坏了市场秩序和公平竞争环境。

分析：

盗版侵权是一种严重的网络行为失范现象。它损害了原创者的合法权益，打击了原创者的创作积极性，阻碍了文化产业的健康发展。我们应该加强知识产权保护力度，严厉打击盗版侵权行为，营造尊重知识产权的社会氛围。

七、散布色情内容案例

案例概述：

在某些网络平台上存在着大量的色情内容。这些内容包括色情图片、视频、文字等，严重污染了网络环境，对青少年的健康成长产生了不良影响。

分析：

散布色情内容是一种违法的网络行为失范现象。它不仅违反了法律法规和社会道德规范，还可能对青少年的心理健康产生负面影响。我们应该加强网络内容监管，打击散布色情内容的行为，保护青少年的健康成长。

八、破坏网络环境案例

案例概述：

一些不法分子通过网络手段恶意破坏网络环境，如发布恶意软件、病毒等。这些行为不仅损害了网民的计算机设备和数据安全，还可能导致整个网络系统的瘫痪和崩溃。

分析：

破坏网络环境是一种极其危险的网络行为失范现象。它严重威胁到网络空间的安全和稳定。我们应该加强网络安全防护能力，提高网络系统的安全性和可靠性，严厉打击破坏网络环境的行为。

综上所述，网络行为失范现象层出不穷，给社会和个人带来了诸多负面影响。我们应该加强网络安全教育和监管力度，提高网民的文明素养和道德水平，共同维护网络空间的和谐与稳定。

第五章　网络游戏安全

第一节　网络游戏成瘾的原因与后果

一、什么是网络游戏

网络游戏，也称在线游戏（Online Game），一般指多名玩家通过计算机网络互动娱乐的视频游戏。有战略游戏、动作游戏、体育游戏、格斗游戏、音乐游戏、竞速游戏、网页游戏和角色扮演游戏等多种类型，不过也有少数在线单人游戏。

网络游戏区别于单机游戏，是指玩家必须通过互联网连接来进行多人游戏。一般指由多名玩家通过计算机网络在虚拟的环境下对人物角色及场景按照一定的规则进行操作以达到娱乐和互动目的的游戏产品集合。

然而，单机游戏模式多为人机对战。其不能连入互联网，因而玩家与玩家互动性差了很多，但可以通过局域网的连接进行有限的多人对战。

网络游戏的诞生丰富了人类的精神世界和物质世界，让人类的生活品质更高，让人类的生活更快乐。

二、网络游戏的形式

网络游戏目前的使用形式可以分为以下两种。

（一）浏览器形式

基于浏览器的游戏，也就是我们通常说到的网页游戏，又称 Web 游戏，简称页游。它是基于 Web 浏览器的网络在线多人互动游戏，无须下载客户端，只需打开 IE 网页，10 秒钟即可进入游戏，不存在机器配置不够的问题，最重要的是关闭或者切换极其方便，尤其适合上班族。其类型及题材也非常丰富，典型的类型有角色扮演（功夫派）、战争策略（七雄争霸）、社区养成（洛克王国）、模拟经营（范特西篮球经理）、休闲竞技（弹弹堂）等。

（二）客户端形式

客户端形式的游戏是由公司所架设的服务器来提供的，玩家们由公司所提供的客户端来连上公司服务器以进行游戏，而现在称为网络游戏的大多属于此类型。此类游戏的特征是大多数玩家会有一个专属于自己的角色（虚拟身份），而一切角色资料以及游戏资讯均记录在服务端。此类游戏大部分来自欧美以及亚洲地区，这类型游戏有魔兽世界（美国）、英雄联盟（美国）、穿越火线（韩国）、EVE（冰岛）、战地（瑞典）、最终幻想 14（日本）、天堂 2（韩国）、梦幻西游（中国）等。

三、网络游戏成瘾的原因与后果

(一) 网络游戏成瘾的原因

网络游戏成瘾的原因复杂多样，涉及个体心理、家庭环境、社会环境等多个方面。以下是一些主要的原因。

1. 心理需求未得到满足

(1) 缺少鼓励与肯定：当个体在现实生活中努力付出后未得到相应的鼓励与肯定时，可能会在网络游戏中寻求肯定与成就感。

(2) 逃避现实：游戏提供了一个虚拟世界，让玩家可以逃避现实生活中的问题、压力或负面情绪。个体可能因学业、工作、人际关系等方面的挫折或压力，转而沉迷于游戏，以暂时忘却现实的困扰。

(3) 追求成就感和掌控感：游戏通常设计出层次结构和目标，完成任务或赢得比赛能够带来成就感和成功体验，从而增强个体的掌控感。成瘾者可能通过不断追求游戏中的成就感和掌控感，来满足自己在现实生活中缺失的自信和价值感。

2. 家庭因素

(1) 家庭关系不和谐：父母关系不和睦，父母与孩子之间没有良好的相处方式，易促使孩子网络成瘾。

(2) 不良的亲子关系：很多家长忙于工作而忽略了孩子的内心需求，致使孩子产生孤独感，形成胆小、孤僻的性格。由于现实中无处诉说和发泄，孩子便沉迷于网络游戏这个精神避难所。

(3) 教育方式不恰当：父母的教养方式兼有溺爱和控制，是导致孩子网络成瘾的一个主因。孩子在父母那里无法得到成长的自主性与快乐，于是在游戏中寻找现实里没有的成就感、满足感、归属感、操纵感等。

3. 社交需求

在多人在线游戏中，玩家可以建立虚拟社交网络，与他人互动，满足社交需求。这对于在现实生活中感到孤独或不被理解的人来说，具有极大的吸引力。成瘾者可能将游戏视为社交的主要渠道，通过游戏中的互动来建立和维护社交关系。

4. 游戏设计因素

(1) 奖励系统：游戏设计了奖励系统，如积分、等级、装备等，这些奖励能够释放多巴胺等神经递质，产生愉悦感。成瘾者可能不断追求这些奖励，以获取持续的愉悦感和满足感。

(2) 沉浸感：游戏提供沉浸式体验，使玩家完全投入虚拟世界中，忘却现实生活的问题。成瘾者可能长时间沉浸在游戏世界中，无法自拔，导致对现实生活的忽视和疏远。

5. 竞争和社交压力

在多人在线游戏中，竞争和社交压力可能推动玩家持续参与，以保持或提升在游戏中的地位。成瘾者可能为了在游戏中获得更高的排名或更好的社交地位，而不断投入时间和精力。

（二）网络游戏成瘾的后果

网络游戏成瘾给个人和社会都带来了严重的后果，主要包括以下几个方面。

1. 身体健康问题

（1）长时间坐着玩游戏可能导致肌肉骨骼问题，如颈椎病和腰椎间盘突出。

（2）缺乏运动会导致肥胖和心血管问题。

（3）长时间盯着电脑或手机屏幕容易导致视力下降和其他眼部问题。

2. 心理健康问题

（1）沉迷于游戏可能导致个人对现实生活失去兴趣和动力，进而引发抑郁、焦虑和孤独等心理问题。

（2）游戏成瘾者可能会对游戏产生过度依赖，以至于忽视生活中其他重要事务。

3. 社交能力下降

游戏成瘾者往往把大部分时间花在游戏中，忽视了与家人、朋友和社会交往的机会，导致社交隔离和孤独感。

4. 学习能力和注意力受损

过度游戏可能破坏个人的注意力和学习能力，影响学业和工作表现。

5. 经济负担

一些游戏会不断诱导玩家购买虚拟物品或提升游戏等级，导致个人花费巨额金钱，造成经济负担和财务困境。

6. 行为问题

过度沉迷于网络游戏可能会导致青少年出现逃学、夜不归宿等不良行为，严重时甚至可能导致犯罪行为。

综上所述，网络游戏成瘾的原因复杂多样，后果严重。为了预防和治疗网络游戏成瘾，个体、家庭、学校和社会需要共同努力，提供积极的心理支持、改善家庭环境、加强教育引导以及建立有效的监管机制。

第二节　辨别合法游戏平台

在辨别合法游戏平台时，玩家需要综合考虑多个方面，以确保自己的权益。以下是一些具体的辨别方法。

一、核查平台资质

（一）查看营业执照

正规的游戏平台应具备相应的营业执照，并在其官方网站或相关渠道进行公示。玩家可以通过访问平台官网，查看其是否提供了营业执照等资质证明。

（二）查询公司注册信息

通过官方渠道（如天眼查、企查查等）查询游戏平台的注册信息，包括公司全称、法定代表人、注册资本、成立时间、经营范围等，以判断其是否具备合法经营资格。

二、审查游戏版权与合法性

（一）确认游戏版权

合法游戏平台通常会获得正版游戏的授权，并在平台上提供正版游戏下载或购买服务。玩家应查看平台上的游戏是否标明版权信息，以及是否存在盗版或侵权游戏。

（二）关注游戏版号

在中国，正规的游戏平台应提供具有合法版号的游戏。玩家可以通过访问国家新闻出版署网站或其他相关渠道，查询游戏版号信息，以确认游戏的合法性。

三、评估平台安全性

（一）检查平台安全防护措施

合法游戏平台通常会采取多种安全防护措施，如防火墙、数据加密、用户身份验证等，以保护用户数据和隐私安全。玩家可以询问平台客服或查看平台官网上的相关说明，以了解其安全防护措施。

（二）避免私下交易

在合法游戏平台上进行游戏交易时，应遵守平台规定，避免私下交易。私下交易不仅存在安全风险，还可能涉及违法违规行为。

四、了解用户评价与反馈

（一）查看用户评价

通过查看其他玩家的评价和反馈，可以了解游戏平台的信誉和服务质量。玩家可以在平台官网、社交媒体、游戏论坛等渠道上查看用户评价。

（二）加入玩家社群

加入游戏平台的玩家社群（如 QQ 群、微信群等），与其他玩家交流经验和心得，可以获取更多关于平台的信息和反馈。

五、注意平台宣传与承诺

（一）警惕虚假宣传

合法游戏平台通常不会进行虚假宣传或夸大其词。玩家应谨慎对待平台上的宣传信息，避免被误导。

（二）核实平台承诺

在注册或使用平台时，玩家应仔细阅读平台的服务条款和隐私政策，并核实平台所做出的承诺是否真实可靠。

六、综合判断与选择

在综合以上各方面信息后，玩家可以对游戏平台进行综合判断，并选择那些具备合法资质、提供正版游戏、安全防护措施完善、用户评价良好且宣传承诺真实可靠的平台进行游戏。

总之，辨别合法游戏平台需要玩家具备一定的辨别能力和警惕性。通过核查平台资质、审查游戏版权与合法性、评估平台安全性、了解用户评价与反馈、注意平台宣传与承诺以及综合判断与选择等步骤，玩家可以更有效地辨别合法游戏平台并保障自己的权益。

第三节　防范游戏内诈骗技巧

防范游戏内诈骗是确保玩家在游戏过程中财产和信息安全的重要措施。以下是一些有效的防范游戏内诈骗的技巧。

一、提高警惕，识别诈骗行为

（1）警惕低价诱饵：诈骗分子常以低价销售游戏币、装备或账号为诱饵，吸引玩家上钩。玩家应保持理性，不轻易相信这类“天上掉馅饼”的好事。

（2）识别虚假广告：在游戏中或游戏相关平台上，要警惕那些声称可以高价收购游戏账号、装备或提供代练服务的虚假广告。这些广告往往隐藏着诈骗风险。

（3）谨慎添加陌生人：不要轻易添加陌生人为游戏好友或交易伙伴，特别是那些主动要求交易或提供“福利”的陌生人。

二、选择正规交易渠道

（1）使用官方交易平台：进行游戏账号、装备或游戏币交易时，应优先选择官方认证的交易平台。这些平台通常具有更高的安全性和可靠性。

（2）避免第三方平台交易：不要轻易在第三方平台进行交易，特别是那些未经官方认证的平台。这些平台可能存在安全隐患，导致玩家财产受损。

三、保护个人信息和账户安全

（1）不轻易透露个人信息：在游戏中，不要随意透露自己的真实姓名、身份证号、银行卡号等敏感信息。这些信息一旦泄露，可能会被诈骗分子利用。

（2）设置复杂密码：为游戏账号设置复杂且独特的密码，并定期更换密码。这有助于增加账号的安全性，防止被他人盗用。

（3）启用双重验证：如果游戏平台支持双重验证功能，建议玩家启用该功能。这可以在一定程度上增加账号的安全性，防止诈骗分子通过盗取密码来登录账号。

四、及时举报和寻求帮助

（1）举报诈骗行为：如果在游戏中遇到诈骗行为，应立即向游戏平台举报。这有助于平台及时采取措施，防止诈骗行为继续蔓延。

（2）寻求官方帮助：如果遇到诈骗问题或纠纷，可以联系游戏平台的客服或相关部门寻求帮助。他们通常会提供专业的解决方案和建议。

五、加强自我教育和防范意识

（1）了解诈骗手段：通过官方渠道了解常见的游戏诈骗手段和案例，增强自己的防范意识。

（2）不参与非法活动：不要参与任何形式的非法活动。这些行为不仅违反游戏规则，还可能引发诈骗风险。

综上所述，防范游戏内诈骗需要玩家提高警惕、选择正规交易渠道、保护个人信息和账户安全、及时举报和寻求帮助以及加强自我教育和防范意识。只有做到这些，才能确保在游戏中的财产和信息安全得到保障。

第四节　建立健康的游戏习惯

建立健康的游戏习惯对于维护个人的身心健康、平衡工作与生活以及促进社交关系都至关重要。以下是一些建议，帮助你培养健康的游戏习惯。

一、设定时间限制

（1）为自己设定每天玩游戏的时间，并严格遵守。可以使用手机或电脑。

（2）设定“无游戏日”或“游戏限制时段”，如晚餐后或睡前不玩游戏，以确保有足够的时间进行其他活动。

二、优先处理生活事务

（1）确保完成重要的生活任务，如学习、工作、家务和锻炼后，再安排游戏时间。

（2）游戏应被视为一种放松和娱乐的方式，而不是逃避现实生活的手段。

三、保持社交互动

（1）平衡线上游戏时间和线下社交活动。与家人、朋友面对面交流，参与社区活动，以丰富自己的生活体验。

（2）在游戏中尝试与他人合作，建立正面的社交关系。

四、注意身体健康

（1）玩游戏时保持正确的坐姿，避免长时间连续玩游戏导致的身体疲劳和损伤。

（2）定时休息，每小时至少起身活动 5~10 分钟，以缓解眼睛疲劳和预防久坐带来的健康问题。

五、选择适合的游戏内容

（1）选择适合自己年龄、兴趣和价值观的游戏。避免接触暴力、色情或不良内容。

（2）尝试不同类型的游戏，以拓宽视野和兴趣爱好。

六、培养自律意识

（1）学会控制自己的游戏欲望，避免过度沉迷。当感到游戏开始影响日常生活或产生负面情绪时，及时采取措施进行调整。

（2）设定个人目标和计划，将游戏时间作为奖励机制的一部分，以激励自己完成其他重要任务。

七、关注心理健康

（1）意识到游戏可能带来的心理影响，如焦虑、抑郁或成瘾。当发现自己出现这些问题时，及时寻求专业帮助。

（2）保持积极的心态，学会放松和减压的方法，如冥想、瑜伽或运动等。

通过遵循以上建议，你可以逐步建立起健康的游戏习惯，使游戏成为你生活中一个积极、有益的组成部分。

第五节　合理规划游戏时间

合理规划游戏时间对于保持工作与生活的平衡、提升生活质量以及维护个人福祉至关重要。以下是一些实用的建议，帮助玩家合理规划游戏时间。

一、设定游戏的时间限制

（一）日常游戏时间规划

根据个人的日常生活安排，设定每天的游戏时间上限。例如，可以决定将游戏时间限制为每天 1~2 小时，并确保这些时间不会影响到学习、工作或家庭责任。

（二）周末与假期特别规划

在周末或假期，虽然可能有更多的空闲时间，但也要避免过度沉迷于游戏。可以设定一个稍长的游戏时间段，但同样要确保不会全天都沉浸在游戏中。

二、制定优先级清单

（一）区分重要与紧急事务

在规划游戏时间之前，先列出每天需要完成的重要和紧急事务，如工作、学习、家庭责任等。确保这些事务得到优先处理。

（二）合理安排游戏时间

在完成重要和紧急事务后，再安排游戏时间。这样，游戏就成了一种放松和娱乐的方式，而不是生活的负担。

三、设定时间提醒与休息间隔

（一）使用计时器或闹钟

在游戏开始前，设定一个计时器或闹钟，提醒自己游戏时间的限制。当时间到达时，立即停止游戏，并切换到其他活动。

（二）定期休息

在游戏过程中，设定定期的休息时间，如每 0.5 小时或 1 小时休息 5~10 分钟。这有助于缓解眼睛疲劳、预防颈椎问题，并保持精神状态的稳定。

四、培养多元化的兴趣爱好

（一）寻找替代活动

除了游戏之外，尝试培养其他兴趣爱好，如阅读、运动、绘画、音乐等。这些活动不仅有助于丰富个人生活，还能提供不同的放松和娱乐方式。

（二）参与社交活动

与家人、朋友或同事一起参与社交活动，如聚餐、旅行、户外运动等。这有助于增进人际关系，同时减少对游戏的依赖。

五、建立自我监控与反馈机制

（一）记录游戏时间

每天记录自己的游戏时间，以便观察和分析自己的游戏习惯。这有助于发现潜在的问题，并及时进行调整。

（二）设定目标与奖励

为自己设定合理的游戏时间目标，并在达到目标后给予自己适当的奖励。这可以激励自己保持自律，并享受游戏带来的乐趣而不至于沉迷。

六、寻求专业帮助与支持

（一）认识游戏成瘾问题

如果发现自己无法控制游戏时间，且游戏已经对日常生活产生了负面影响，应认识到这可能是一种游戏成瘾问题。

（二）寻求专业帮助

如果确认自己存在游戏成瘾问题，应寻求专业心理咨询或治疗帮助。专业人士可以提供有效的干预和治疗方案，帮助恢复健康的生活。

综上所述，合理规划游戏时间需要玩家设定明确的时间限制、制定优先级清单、设定时间提醒与休息间隔、培养多元化的兴趣爱好、建立自我监控与反馈机制以及寻求专业帮助与支持。通过这些措施的实施，玩家可以在享受游戏带来的乐趣的同时，保证健康的生活和个人福祉。

第六节　家长如何引导孩子正确认识游戏

电子游戏在当今社会中占据着重要地位，成为孩子们生活中的一部分。然而，正确对待和使用电子游戏对于孩子的成长和健康发展至关重要。下面将探讨家长应如何教育孩子正确对待和使用电子游戏，以帮助他们建立健康的游戏观念。

一、建立清晰的规则和界限

在孩子开始接触电子游戏之前，家长应该与他们一起制定一套清晰的规则。这些规则可以包括每天游戏的时间限制、游戏内容的限制以及在何时何地进行游戏等。通过制定规则，孩子们能够理解游戏在他们生活中的位置，并学会自我控制。

二、与孩子共同探索游戏世界

家长应鼓励孩子将电子游戏视为一种娱乐和学习的机会，而不仅仅是一种消遣方式。家长可与孩子一起探索游戏世界，了解他们在游戏中受到的挑战和收获。通过这种共同探索的方式，家长可以更好地了解孩子们对游戏的喜好和需求，从而帮助他们正确选择游戏，并引导他们将游戏与现实生活相结合。

三、强调游戏的积极价值

尽管电子游戏常常被认为是消极的，但事实上，它们也可以带来积极的影响。家长应该向孩子们强调游戏的积极价值，如培养团队合作能力和思维能力、提高反应速度等。同时，鼓励孩子选择有教育意义的游戏，如解谜游戏、模拟经营游戏等，以激发他们的想象力和创造力。

四、监督孩子的游戏行为

家长应对孩子的游戏行为进行监督和管理，确保他们遵守规则并在适当的时间内进行游戏。可以采用设置家庭网络筛选工具，限制孩子们接触不适宜的游戏内容。同时，定期与孩子们进行沟通，了解他们的游戏体验和感受，解决他们在游戏中遇到的问题，以促进他们健康地成长。

五、身体活动和社交互动的平衡

孩子容易沉迷电子游戏，而忽视了身体活动和社交互动的重要性。家长应该引导孩子们保持身体健康，鼓励他们积极参与户外活动和体育运动。此外，还要鼓励他们与其他孩子进行互动，培养社交能力，建立多元化的兴趣爱好，避免过度依赖电子游戏。

六、树立良好的榜样

孩子们往往会模仿家长的行为，因此家长要树立良好的榜样。在使用电子游戏时，家长应该表现出理性和适度的态度，以身作则。同时，家长也要自觉抵制过度使用电子产品的诱惑，与孩子们共同度过家庭时间，建立更加密切的亲子关系。

总结起来，正确对待和使用电子游戏是教育孩子的重要课题之一。家长应制定合理的规则和界限，与孩子共同探索游戏世界，强调游戏的积极价值，监督孩子的游戏行为，平衡游戏与身体活动、社交互动，并树立良好的榜样。通过这些举措，我们可以帮助孩子们正确对待和使用电子游戏，让游戏成为他们成长和学习的有益伙伴。

第七节　游戏中的团队合作与竞争意识

一、团队协作

（一）团队协作的重要性

（1）团队大于个人。一个团队的力量远大于一个人的力量。团队不仅强调个人的工作成果，更强调团队的整体业绩。团队所依赖的不仅是集体讨论和决策，还有成员的共同贡献。但是，团队大于各部分之和。

大家都知道一根筷子轻轻被折断，但把更多的筷子放在一起，想要折断是很困难的事。

（2）团队协作的本质是共同奉献。这种共同奉献需要一个切实可行、具有挑战意义且让成员能够信服的目标。只有这样，才能激发团队的工作动力和奉献精神，不分彼此，共同奉献。在一个团队里面，只有大家不断地分享自己的长处优点，不断汲取其他成员的长处优点，遇到问题及时交流，才能让团队的力量发挥得淋漓尽致。

（3）团队合作能够发挥个人的潜力。当团队的每一个人都坦诚相待、都有一份奉献精神时，取长补短，个人的能力肯定会大大地得到提升。如果大家把团队里面每一份子的优点长处都变为自己的长处优点，灵活运用，不仅团队的力量日益强大，自己的能力、潜力也会慢慢得到提升。

（4）团队精神的核心就是协同合作。协同合作是任何一个团队不可或缺的精髓，是建立在相互信任基础上的无私奉献，团队成员因此而互补互助。

（二）团队精神的功能

1. 目标导向功能

团队精神能够使团队成员齐心协力，拧成一股绳，朝着一个目标努力，对团队中的个人来说，团队要达到的目标即是自己必须努力的方向，从而使团队的整体目标分解成各个小目标，在每个队员身上都得到落实。

2. 团结凝聚功能

任何组织群体都需要一种凝聚力。传统的管理方法是通过组织系统自上而下的行政指令，淡化了个人感情和社会心理等方面的需求。团队精神则通过对群体意识的培养，通过队员在长期的实践中形成的习惯、信仰、动机、兴趣等文化心理，来沟通人们的思想，引导人们产生共同的使命感、归属感和认同感，逐渐强化团队精神，产生一种强大的凝聚力。

3. 促进激励功能

团队精神要靠每一个队员自觉地向团队中最优秀的员工看齐，通过队员之间正常的竞争达到实现激励功能的目的。这种激励不是单纯停留在物质的基础上，而是要得到团队的认可。

二、竞争意识

(一) 竞争意识的含义

竞争意识是不甘落后、力争上游的心理。竞争意识是力求压倒或胜过对方的心理状态。

(二) 竞争意识的作用

竞争意识能使人精神振奋，努力进取，促进事业的发展，它是现代社会中个人、团体乃至国家发展过程中不可缺少的心态。有竞争的社会才会有活力，世界才会发展得更快；有竞争意识的人才会奋发图强，实现自己的理想；有竞争的群体会才出更多的成绩，有更高的水平。竞争是不甘平庸，追求卓越；竞争使个人完善，使群体上进，使社会发展。

在树立竞争意识的时候要防止不择手段而产生的消极因素。要用集体主义、社会主义思想作指导，克服竞争中的消极面。

(三) 竞争意识的培养内容

培养孩子的竞争意识和竞争能力是家庭教育的重要内容。孩子竞争意识的培养必须通过正面教育实现，督促孩子在日常的生活、学习中坚持训练，逐步养成良好的习惯。

父母经常把“孩子是否听话”作为孩子好坏的评价尺度，但这一观念已经陈旧。从孩子未来生存、发展的需要来看，从小培养孩子具有竞争意识、坚强的意志和敢想敢干、勇于创新的精神及敢于迎接挑战、挫折与艰辛的心理素质才是科学的教育观念。在教育方式上，父母要转变原来的“我说你听”“我打你从”的教育方式，采取民主型的、激励型的、疏导型的教育方式。要鼓励孩子勇敢地走出书斋，走出家庭和社区，接触社会，接触更广阔的世界。

在培养孩子竞争意识的过程中，也应让孩子明白，竞争不应是狭隘的、自私的，竞争者应具有广阔的胸怀；竞争不应是阴险狡诈、暗中算计人的，而应是齐头并进，以实力超越；竞争不排除协作，没有良好的协作精神和集体信念，单枪匹马的强者是孤独的，也不容易取得真正的成功。

孩子只有在父母的鼓励下，才会充满信心，敢于去竞争；教孩子一些竞争技巧，在孩子独立走向社会时，父母才会放心。孩子在未来的生活中有了竞争能力，才会不甘落后，才能成为时代的弄潮儿、国家的栋梁。

三、青少年在游戏中的团队合作与竞争意识

现代电子竞技与传统桌面及单机游戏的多元领域，不仅提供了丰富多彩的游戏体验，还促进了玩家个人技能与团队协作能力的发展。其中，团队合作与竞争意识已成为不可或缺的因素。本节将从以下几个方面探讨游戏中的团队合作与竞争意识：团队协作分工、沟通策略制定、相互信任支持、竞争意识激发、竞技精神展现、胜负心态调整、团队荣誉感以及合作与竞争平衡。

（一）团队协作分工

在游戏的世界里，有效的团队协作始于明确的分工。每个成员根据其专长和能力被分配合适的角色，如进攻型、防御型、辅助型等，确保团队整体能力的最大化发挥。良好的分工不仅能够提升战斗效率，还能减少资源浪费，让团队成员在游戏中各司其职，形成互补的战斗体系。

（二）沟通策略制定

高效的沟通是团队合作的基石。在游戏过程中，及时传递信息、共享视野、分析对手动向并快速制定应对策略，对于取得胜利至关重要。这要求团队成员具备良好的沟通技巧和应变能力，根据战场变化灵活调整战术，确保策略的有效执行。

（三）相互信任支持

团队内部的信任和支持是维系团队合作的关键。玩家需要相信队友的判断和操作，即使面临逆境也不轻易放弃，相互鼓励，共同克服困难。信任的建立需要时间和成功的积累，一旦形成，将极大地增强团队的凝聚力和战斗力。

（四）竞争意识激发

适度的竞争意识能够激发玩家的潜能，提高游戏水平。游戏中的排名、积分系统或直接的对战模式，都能激发玩家的斗志，促使其不断提升自我，追求更好的成绩。合理的竞争不仅有利于个人成长，也为团队整体水平的提升创造了条件。

（五）竞技精神展现

竞技精神是游戏文化的重要组成部分，它体现在对规则的尊重、对对手的尊重以及追求卓越的态度上。优秀的玩家在比赛中展现出公平竞争、不轻易放弃的

精神风貌，无论输赢都能保持良好的风度，这是竞技体育的宝贵财富。

（六）胜负心态调整

胜败乃兵家常事，游戏亦不例外。正确的胜负观能够帮助玩家快速从失败中恢复，从胜利中汲取经验。学会接受失败，将其视为成长的机会，同时享受胜利带来的喜悦，保持一颗平常心，是长期参与游戏、享受游戏乐趣的关键。

（七）团队荣誉感

团队荣誉感是推动团队向前的重要动力。当团队成员为共同的目标奋斗时，每一次胜利都是对团队努力的认可，这种成就感远远超越了个人胜利带来的满足。它激励着每个人为团队付出更多，为团队荣誉而战。

（八）合作与竞争平衡

游戏中的合作与竞争并非对立的两面，而是相辅相成的。团队内部需要合作，以实现资源共享、优势互补；而团队间或个人的竞争则促进了技能的提升和策略的革新。关键在于找到两者之间的平衡点，让合作与竞争相互促进，共同推动游戏社区的健康发展。

总之，游戏中的团队合作与竞争意识不仅是赢得比赛的关键，更是促进个人成长、增强团队协作能力的重要途径。通过不断探索和实践，玩家可以在游戏中获得宝贵的经验和教训，进而将其应用于现实生活中，实现个人价值的全面提升。

第六章　网络学习环境建设

第一节　选择合适的在线教育资源

一、在线教育平台

（一）在线教育平台的含义

在线教育平台即在线网络的教育平台，实质是面向全国的资源共享、零距离的全新的交流方式。

在线教育平台以提高效率为前提。利用网络先进的技术改变师生的交流方式，进一步提高学生掌握知识的效率、进一步培养能力，是网络教育研究的实质。

（二）在线教育的特点

1. 利用网络丰富的信息资源上课

课前教师根据教育目标、教育内容收集相关材料，制作成网页；课上教师交代课堂任务，让学生根据自己对任务的理解掌握情况，针对自己的薄弱环节，自主探索、寻求、交流问题的答案或解决的办法；然后，教师给出问题的答案或解决问题的方法。这种上课方式使得学生由知识的被动接收者转变为知识的探索者；学生根据自身的情况重点解决自己尚未掌握的知识，从而避免了以往课堂上已经掌握了知识的学生无事可干或者尚未掌握前一部分知识的学生无所适从的被动局面。网络课最善于解决目前班级授课制之中的分层次教育问题、个性化教育问题。网络教育允许一部分同学先行一步，使得因材施教成为可能，教育效率必将得到大幅度提高。这正是班级授课制的前提下，网络教育的最强生命力之所在。

上好一堂网络课，最重要的是教师对各层面学生应有更深的了解，这样才能设计出符合个层面学生学习的网络课教案。

2. 利用网络先进的技术上课

网络有先进的电子公告板系统（Bulletin Board System，BBS）、在线聊天等实时交流技术，它为各个使用者提供了一个平等交流的机会。网络课上教师将部分课堂任务用 BBS 或电子邮件发布，同学们用 BBS 或在线聊天进行课堂交流，并用 BBS 或电子邮件的形式交课堂作业。

网络教育使交互式学习成为可能，为他们创设一种相互交流、信息共享、合作学习的环境。网络教育使师生之间在教育中以一种交互的方式呈现信息，学生在网络中不仅可以接受，同时也可以表达。教师可以根据学生反馈情况调整教育。学生可以与教师发生交互作用，向其提出问题，请求指导，并且发表自己的看法；学生之间也可以发生这种交互作用，从而有利于发挥小组学习的作用，进行协同式学习。这种交互式的教育加强了师生之间和学生之间的交流，对提高教育质量和学习效果产生了积极的作用。

【知识链接】

网络学习平台简介

（1）国家中小学网络云平台是2020年根据教育部办公厅、工业和信息化部办公厅联合印发《关于中小学延期开学期间“停课不停学”有关工作安排的通知》，为支持各地做好“停课不停学”工作，帮助学生居家学习，教育部整合国家、有关省市和学校优质教学资源，在延期开学期间开通的云平台。

2020年2月17日，平台正式开通，免费供各地自主选择使用，可供5 000万个学生同时在线使用。

教育部整合国家、有关省市和学校优质教学资源，在延期开学期间开通国家中小学网络云平台和中国教育电视台空中课堂，免费供各地自主选择使用。平台资源包括防疫知识、红色教育资源、专题教育资源，以及从小学至普通高中的主要学科课程资源，课程时间一般在20分钟左右。

其中，课程从近年来全国开发的原有资源库中择优选取，并根据需要由北京等地骨干教师补充录制，覆盖初高中12个学科。课程分周陆续上线，第一周上线169节。同时，中国教育电视台4频道通过直播卫星向全国用户播出小学有关课程及部分初高中课程，第一周共75节，特别覆盖偏远农村网络信号弱的地区或有线电视未通达地区。

（2）智慧树网隶属于上海卓越睿新数码科技股份有限公司，是全球大型的学分课程运营服务平台。服务的会员学校超3 000所，已有超1.6亿人次大学生通过智慧树网跨校修读并获得学分。智慧树网帮助会员实现跨校课程共享和学分互认，完成跨校选课修读。

智慧树网致力成为中国领先的教育信息化制造商与互联网教育运营商，独特的“平台+内容+服务”和三位一体的业务模式，帮助高等院校完成优质课程的引进和服务配套落地，通过观摩和分享名校名师的优质课程设计，帮助教师完成教学发展培训，协助教师建设新课程，实现教法改革，促动本校教学产生内生动力。在几年的服务过程中，智慧树网也积累了丰富的服务经验，通过完善服务的基础设施，建立全国服务专业团队，来应对大范围、大规模教学服务交付的挑战。

二、青少年如何正确使用互联网资源进行学习

互联网资源在现代社会中对于青少年的学习起到了举足轻重的作用。然而，互

联网的广泛使用也给他们带来了一些潜在的风险和问题。因此，青少年需要正确地使用互联网资源来进行学习。

（一）了解互联网的优势与风险

在进行互联网学习之前，青少年需要了解互联网的优势和风险。

首先，互联网为青少年提供了丰富的学习资源。他们可以通过搜索引擎查找到大量的学术资料、学习视频等。这些资源可以帮助他们更好地理解学校教育中的知识点，并拓宽他们的学习视野。

然而，互联网也存在一些风险。青少年可能会在浏览网页时遭遇虚假信息、不良内容等。这些信息的错误或负面影响可能导致他们学习的错误方向。因此，青少年需要具备正确的使用互联网的技能和知识，以应对这些风险。

（二）培养正确的网络素养

要正确使用互联网资源进行学习，青少年首先需要培养正确的网络素养。

1. 建立正确的搜索习惯

在使用搜索引擎时，青少年应该学会选择合适的关键词，筛选出真实可靠的信息。他们可以依靠学校老师、家长或专业机构的指导来学习如何进行有效的搜索。

2. 辨别虚假信息

青少年需要学会分辨虚假信息和真实信息。他们可以通过查证来源、核对多个信息源等方式来判断信息的可信度。

3. 学会防范网络安全风险

青少年应该了解一些网络的基本安全知识，如不随便透露个人信息、避免下载不明文件等。他们还应该学会使用杀毒软件、防火墙等工具来保护自己的设备。

4. 利用互联网资源进行学习

正确使用互联网资源进行学习的关键在于学会分辨和选择合适的资源。

（1）选择可靠的学习网站和平台。青少年可以选择一些知名度较高、评价较好的学习网站来获取学习资源。此外，他们还可以利用学校提供的在线学习平台，参与课堂讨论、完成作业等。

（2）积极参与在线学习社区。青少年可以通过加入相关的学习社区，与他人共同学习和讨论。这样可以提高他们的学习效果，并培养他们的合作能力和交流能力。

（3）学会有效利用多媒体资源。互联网提供了丰富的多媒体资源，如学习视频、在线课程等。青少年可以利用这些资源来加深对知识的理解，并提高学习的趣味性。

5. 培养学习自控力

正确使用互联网资源需要具备一定的自控能力。青少年可以通过以下方式培养自己的学习自控力。

(1) 制订明确的学习计划。青少年可以将学习目标细化为具体的任务，并为每个任务设定时间限制。这样可以帮助他们保持学习的持续性和高效性。

(2) 管理学习时间。青少年应该合理安排自己的学习时间，避免沉迷于互联网娱乐等非学习活动。他们可以使用学习番茄钟等工具来帮助自己管理时间。

(3) 坚持自主学习。青少年可以尝试独立完成一些学习任务，培养自己的学习自主性。同时，他们还应该学会向老师或同学寻求帮助，提高问题解决能力。

互联网资源为青少年的学习提供了广阔的空间和丰富的资源。正确使用互联网资源可以帮助他们更好地学习和成长。然而，青少年需要具备正确的网络素养、选择合适的资源并培养学习自控力。只有这样，他们才能真正发挥互联网在学习中的作用。因此，我们应该关注和引导青少年正确使用互联网资源，为他们的学习创造良好的环境和条件。

第二节　利用网络提高学习效率

青少年利用网络提高学习效率是一种积极且富有成效的趋势。随着信息技术的快速发展，互联网为青少年提供了丰富的学习资源和便捷的学习工具，帮助他们拓宽知识视野，提升学习效率。以下是一些建议，指导青少年如何有效利用网络提高学习效率。

一、选择合适的在线学习资源

(一) 优质教育平台

利用知名在线教育平台等，获取国内外顶尖大学的课程资源和优质教育内容。

(二) 专业学科网站

访问与学科相关的专业网站，如学科论坛、在线图书馆、学术数据库等，获取最新的学术研究成果和深度学习资源。

(三) 政府和教育机构网站

关注政府和教育机构发布的在线学习资源，如国家数字教育资源公共服务平台、各省市教育部门的在线教育平台等，获取权威的教育资讯和学习资料。

二、利用高效学习工具

(一) 在线笔记软件

通过使用 Evernote、OneNote 等在线笔记软件，记录学习笔记、整理学习资料，提高学习效率和复习效果。

（二）时间管理应用

通过利用 Toggl、Forest 等时间管理应用软件，合理规划学习时间，培养自律的学习习惯，提高学习效率。

（三）在线协作工具

通过使用 Google Docs、Microsoft Teams 等在线协作工具，与同学、老师进行实时交流和协作，共同解决问题，提升学习效果。

三、参与在线学习社区

（一）加入学习社群

加入与学科相关的在线社群，如 QQ 群、微信群、Reddit 等，与志同道合的同学交流学习心得，共同进步。

（二）参与在线讨论

在学科论坛、学术博客等平台上积极参与在线讨论，发表自己的观点和见解，锻炼批判性思维和表达能力。

（三）寻求专业指导

在在线教育平台上寻找专业导师或助教，进行一对一或小组辅导，解决学习中的难题，提升学习效率。

四、保持健康的学习习惯

（一）合理安排学习时间

制订合理的学习计划，确保每天有固定的学习时间，避免长时间连续学习导致疲劳和效率下降。

（二）保持专注力

在学习时关闭不必要的社交媒体和娱乐应用，保持专注，提高学习效率。

（三）段定期休息

遵循“番茄工作法”等时间管理技巧，每学习一段时间后进行短暂的休息，以缓解眼部疲劳和保持精力充沛。

【知识链接】

番茄工作法

番茄工作法是简单易行的时间管理方法。使用方法是：选择一个待完成的任务，将番茄时间设为 25 分钟，专注工作，中途不允许做任何与该任务无关的事，直到番茄时钟响起，然后进行短暂休息一下（5 分钟就行），再开始下一段番茄时间。每 4 段番茄时间结束后多休息一会儿。番茄工作法极大地提高了工作的效率，还会使人有意想不到的成就感。

面对那些复杂、令人望而却步的工作事务，我们往往会有拖延的坏习惯。而番茄工作法的优势就在于，定时器一开始，你就必须全神贯注地开始工作一段时间。而 45 分钟之后，你又会得到奖赏，即休息 3 分钟。

这种解决拖延、给出奖赏制度的番茄工作法，是我们高效工作的核心方法。

如果你无法控制自己，那么番茄工作法非常适合你。把时间分成一段一段，并控制好你的每一段时间，你也就控制了全部时间。

番茄工作法是短时间内集中注意力从而使自己更加专注的一种工作法。想要提升工作效率，番茄工作法的确非常有用（图 6-1）。

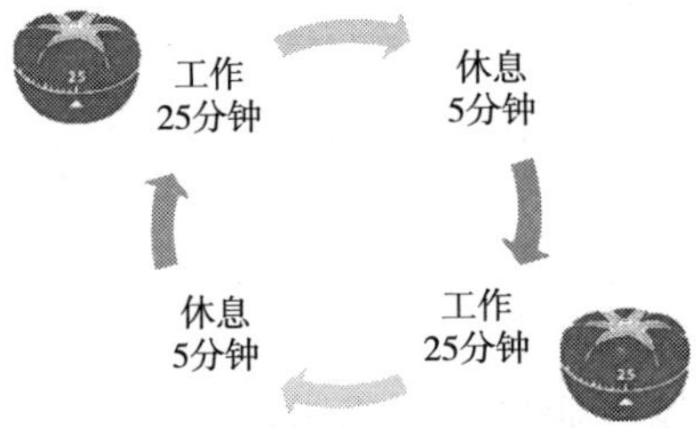

图 6-1　番茄工作法示意图

五、培养自主学习能力

（一）自我评估与反馈

利用在线测试、作业和考试等评估工具，定期检测自己的学习成果，及时发现并弥补知识漏洞。

（二）设定学习目标

根据自己的学习进度和需求，设定短期和长期的学习目标，激励自己不断进步。

（三）培养批判性思维

在在线学习过程中，学会独立思考和批判性分析，不盲目接受信息，培养自己的创新能力和解决问题的能力。

青少年可以通过选择合适的在线学习资源、利用高效学习工具、参与在线学习社区、保持健康的学习习惯以及培养自主学习能力等策略，有效利用网络提高学习效率。这些策略不仅有助于青少年拓宽知识视野、提升学习成绩，还能培养他们的自主学习能力、批判性思维和创新能力，为未来的学习和职业发展打下坚实的基础。

第三节　防范网络学习中的风险

随着互联网技术的飞速发展，网络学习已成为青少年获取知识、拓宽视野的重要途径。然而，网络环境的复杂性和潜在风险也不容忽视。为了保障青少年在网络学习过程中的安全与健康，本节将从以下八个方面提供防范指南：不良信息筛选、隐私安全保护、网络诈骗警惕、合理规划时间、身心健康维护、网络社交规范、正确信息辨别以及安全软件使用。

一、不良信息筛选

网络上的信息纷繁复杂，青少年在浏览网页、观看视频或参与论坛讨论时，应学会识别并避免接触不良信息，如暴力、色情、极端思想等。使用安全、可靠的学习平台和资源，对于来源不明的信息保持警惕，不轻信、不传播。

二、隐私安全保护

在网络学习过程中，青少年应增强隐私保护意识，不轻易透露个人真实姓名、住址、电话号码等敏感信息。设置强密码，定期更换，不将个人信息用于非必要注册或登录。对于要求提供个人信息的网站或应用，务必先确认其合法性和安全性。

三、网络诈骗警惕

网络诈骗形式多样，如假冒客服、中奖诈骗、钓鱼链接等，青少年需提高警惕，不轻信陌生人的“好意”，不随意点击不明链接或下载未知来源的文件。遇到可疑情况，及时与家人或专业人士沟通，必要时报警处理。

四、合理规划时间

网络学习虽便捷，但过度使用会影响青少年的身心健康。应制订合理的网络学习计划，明确学习目标，合理安排时间，避免长时间连续使用电子设备。通过设定时间提醒、使用计时器等方式，确保学习与休息的平衡。

五、身心健康维护

长时间盯着屏幕会对青少年的视力、颈椎等造成损害。因此，在学习过程中，应注意保持良好的坐姿，适时休息，做眼保健操，进行户外活动。同时，保持规律的作息时间，保证充足的睡眠，有利于身心健康。

六、网络社交规范

在网络社交平台上，青少年应遵守网络礼仪，尊重他人，不发表攻击性言论，不参与网络欺凌。谨慎添加陌生人为好友，不轻易泄露个人照片、视频等隐私信息。对于网络社交中的争议和冲突，保持冷静，理性应对。

七、正确信息辨别

在信息爆炸的时代，青少年需要具备批判性思维，学会辨别信息的真伪和价值。对于网络上的新闻、观点、广告等，应多方面求证，不盲目跟风，不轻信一家之言。通过官方渠道获取权威信息，增强信息筛选和判断的能力。

八、安全软件使用

安装并定期更新安全软件，如杀毒软件、防火墙等，可以有效防御网络病毒和恶意软件的攻击。同时，开启安全浏览器的隐私保护功能，避免个人信息被泄露。青少年应了解安全软件的基本操作，及时更新软件，确保网络安全。

总之，青少年在网络学习过程中，应时刻保持警惕，增强自我保护意识，学会识别风险，合理规划时间，维护身心健康，遵守网络社交规范，正确辨别信息，并充分利用安全软件保护自己的网络安全。

第四节　建立有效的在线学习计划

青少年建立有效的在线学习计划是提升学习效率、培养自主学习能力的重要步骤。以下是一些建议，帮助青少年制订并实施有效的在线学习计划。

一、明确学习目标

（一）设定具体目标

首先，青少年需要明确自己想要通过学习达到的具体目标。这些目标可以是提高某个学科的成绩、掌握某项技能或了解某个领域的知识。

（二）将目标分解为小任务

将大目标分解为一系列小任务，这样可以使学习计划更加具体和可操作。每个小任务都应有明确的时间节点和完成标准。

二、制订学习计划

（一）时间规划

根据青少年的日常生活安排，制定一个合理的时间表，包括学习时间、休息时间和娱乐时间。确保每天有足够的时间用于在线学习，同时也要保证休息和放松。

（二）内容安排

根据学习目标，选择适合的在线学习资源，如在线课程、教育平台、视频教程等。将学习内容按照优先级和难度进行排序，确保先学习重要且基础的知识。

（三）方法选择

选择适合自己的学习方法，如阅读、观看视频、做笔记、参与讨论等。不同的学习内容可能需要不同的学习方法，灵活调整可以提高学习效率。

三、执行学习计划

（一）保持专注

在学习时，关闭不必要的社交媒体和娱乐应用，减少干扰，保持专注。可以使用时间管理应用或番茄工作法等方法来帮助自己保持专注。

（二）定期复习

定期回顾和复习已学内容，巩固记忆和理解。可以制订复习计划，如每天复习当天所学内容、每周复习一周所学内容等。

（三）积极参与

在在线学习社区中积极参与讨论和交流，与同学和老师互动，分享学习心得和解决问题。这有助于加深理解和记忆，同时培养沟通能力和团队协作能力。

四、评估与调整

（一）自我评估

定期评估自己的学习进度和成果，如通过在线测试、作业和考试等方式进行检验。根据评估结果，及时调整学习计划和方法。

（二）寻求反馈

向老师、同学或家长寻求反馈，了解自己在学习中的优点和不足。根据反馈进行改进和调整，提高学习效果。

（三）灵活调整计划

学习计划是一个动态的过程，需要根据实际情况进行灵活调整。如果某个学习任务没有按时完成，不要气馁，可以调整计划，确保后续任务能够顺利进行。

五、培养自律意识和良好习惯

（一）建立自律意识

自律是成功的关键。青少年需要培养自律意识，坚持执行学习计划，不被外界干扰所影响。

（二）养成良好习惯

良好的学习习惯是提高学习效率的基础。青少年应该养成定时学习、定期复习、做笔记等良好习惯，这些习惯将伴随他们一生。

综上所述，青少年建立有效的在线学习计划需要明确学习目标、制订学习计划、执行学习计划、评估与调整以及培养自律意识和良好习惯。通过这些步骤的实施，青少年可以更加高效地利用在线学习资源，提升学习效率和质量，培养自主学习能力，为未来的学习和职业发展打下坚实的基础。

第五节　维护良好的线上学习氛围

随着信息技术的飞速发展，线上学习已成为青少年获取知识、提升技能的重要途径。然而，线上学习环境的复杂性和虚拟性也带来了一系列挑战。为了维护良好的线上学习氛围，青少年需要采取一系列措施，以确保学习的有效性、积极性和健康性。以下是一些具体的建议。

一、设定明确的学习目标与计划

（一）目标设定

在学习开始之前，青少年应明确自己的学习目标，这些目标可以是短期的（如完成某章节的学习），也可以是长期的（如通过某项考试）。

（二）计划制订

根据学习目标，制订详细的学习计划，包括每天的学习时间、学习内容和学习方法。确保计划既有挑战性又可实现，有助于保持学习的动力和效率。

二、培养自律性与专注力

（一）自律性培养

线上学习需要更强的自律性，青少年应学会自我管理，遵守学习时间，避免分心。

（二）提升专注力

使用专注力训练工具或方法，如番茄工作法，帮助自己保持一段时间内的专注，提高学习效率。

三、积极参与线上讨论与互动

（一）主动发言

在线上课程中积极参与讨论，提出问题或分享见解，与同学和老师建立积极的互动关系。

（二）小组讨论

加入学习小组，与同龄人共同学习，相互激励，解决学习中的难题。

四、维护良好的网络环境

（一）网络礼仪

遵守网络礼仪，尊重他人，不发表攻击性言论，不参与网络欺凌。

（二）信息安全

保护个人信息，不轻易透露真实姓名、地址、电话号码等敏感信息，避免网络诈骗。

五、保持身心健康

（一）合理作息

合理安排学习与休息时间，保证充足的睡眠，避免长时间连续使用电子设备。

（二）健康习惯

保持健康的生活方式，如定期运动、均衡饮食，有助于缓解学习压力，提高学习效率。

六、利用学习资源与工具

（一）多样化资源

通过利用多种学习资源，如在线课程、电子书籍、视频讲座等，丰富学习内容。

（二）高效工具

通过使用学习管理工具，如笔记软件、日程表、学习 APP 等，提高学习效率和组织性。

七、寻求帮助与支持

（一）教师指导

遇到学习困难时，及时向教师寻求帮助，参与教师的在线答疑或辅导。

（二）家长监督

与家长保持良好的沟通，让家长了解自己的学习进展，寻求必要的支持和监督。

八、培养积极的学习态度

（一）乐观心态

保持积极的学习态度，面对挑战时保持乐观，相信自己的能力和潜力。

（二）持续学习

将学习视为一种习惯，不断追求新知，提升自己的综合素质。

通过遵循以上建议，青少年可以构建一个积极、健康、高效的线上学习环境。这不仅有助于个人学习能力的提升，还能培养自律意识以及合作和解决问题的能力，为未来的学习和生活打下坚实的基础。

第六节　培养自主学习能力

有研究者通过对多名学生的自主学习能力进行了抽样调查，了解到：有自主学习能力的学生仅占 18.6%，有一定自主学习能力的学生占 30.2%，基本没有自主学习能力的学生占 52.2%。这不能不引起每一个教育工作者的关注与深思，我们必须对学生自主学习能力的培养有足够的认识，并在教学过程中加大力度和采取有效的策略与指导，将培养学生自主学习能力作为教学始终不渝的目标。

一、自主学习能力是社会发展的必然要求

自主学习就是学习者根据自己的学习能力、学习任务，积极主动地调整自己的学习策略和努力程度的过程。在这一学习过程中，学生的学习积极性、主动性和创造性得到发挥；学生积极思考，主动探究，发现问题和解决问题的能力得到提高；学生在这一过程中接纳信息，构建新知，提高能力，形成良好的道德品质。所以，培养学生自主学习能力是教学的最终目标，也是社会发展的必然要求。

（一）从社会发展来看

人类进入了 21 世纪，随着社会的迅速发展和信息化时代的到来，社会要求人们树立终身学习的思想，不断地学习才能适应社会的发展与变化。这种终身学习

的思想，要求教育者转变观念，以培养学生自主学习、独立思维、创新思维能力为目标。《国家基础教育改革指导纲要》指出：课程应具有发展性，要着眼于学生的终身学习，要改变课程过于注重知识传授的影响，强调形成积极主动的学习态度，使获得基础知识与基本技能的过程同时成为学会学习和形成正确价值观的过程。强调教学要立足于促进学生身心健康发展，培养良好的道德品质和学生学习的独立性和主动性。可见，培养学生的自主学习能力是课堂教学的首要任务，更是社会发展的必然要求。

（二）从教学过程来看

课堂教学是在固定班级和规定的时间内进行的，在这种教学模式下，课堂教师向学生传授的知识或学生在课堂所学习的内容都是受到一定限制的。教师只 有通过举一反三，来培养学生的学习兴趣，让学生掌握学习方法，养成“我要学”的思想，才能使学生终身受用，走出学校后在社会这个大课堂中能自主学习和善于学习，才能适应社会发展。

（三）从个人的需求来看

我们今天教育的学生是未来社会的主人，他们将生活在一个知识经济迅速发展的时代，他们要完成时代赋予的使命，要使自己适应社会发展的要求，他们必须懂得学习、善于学习，不断丰富和完善自己，使自己跟上时代的步伐，这样才能成为一个对社会有用的人。

二、影响学生自主学习能力形成的因素

多年来，广大教育工作者为全面提高学生的素质、培养学生自主学习的能力做出了不懈的努力，那为什么学生自主学习能力的提高还如此缓慢？学生自主学习能力的形成到底受到哪些因素的影响？具体原因如下。

（一）现行教育的评价机制制约着学生自主学习能力发展

从我国目前的教育状况来看，衡量一个学生能力高低的标准仍然是以分数的多少，这种教育评价机制迫使着教师在课堂上丝毫不敢放松向学生系统地传授知识。学生为了应考，便依赖教师课堂上所讲授的知识，也满足于这种机械的学习方式。这样，应试教育就严重制约着学生自主学习能力的发展。因此，要改变传统、单一的评价方式，采取多元化的评价手段，把学生在教学活动中是否真正发挥主动性、积极性作为重要的评价标准和内容，重视学生的学习态度、学习方法、创造性、能力等素质方面的评价，只有这样，才能给学生创设一种有利于自主学习能力发展的氛围。

（二）教师的教育观念影响着学生自主学习能力的形成

教师是教学的“设计师”，是课堂学习的“总导演”，教师的教育思想、教学

方式方法直接影响着学生的学习行为。不少教师受到应试教育带来的种种影响与压力，于是在课堂教学中还是“穿新鞋，走老路”，有意无意地在对学生“授人以鱼”，使学生的思维方式与学习行为潜意识地依赖教师，学习的主动性与创新能力得不到发挥。所以，教师必须彻底转变教育观念，树立正确的价值观和学生观，克服应试教育所带来的方方面面的影响与压力，消除心理障碍，进行课堂教学改革，用新的教育思想、教育理念、教学方法去教育引导学生，为学生创造一个轻松和谐的学习氛围，激发学生学习的积极性与主动性，让每一个学生都成为“学习舞台”上的出色演员。

三、自主学习能力培养的策略与指导

要培养学生自主学习的能力，主要从以下几方面入手。

（一）增强学生对自主学习必要性的认识

（1）社会的飞速发展变化要求学生具备自主学习的能力。人类已进入信息时代，教育必须以培养学生“学会学习，学会做事，学会做人，学会共处”为目标。人们必须具备终身学习的能力并不断学习，才能适应社会的发展。课堂教学不仅要让学生学到真知，更要让学生增强自主学习意识，掌握学习方法，真正让学生认识到，人类已进入了终身学习的社会，未来的文盲不再是目不识丁的人，而是没有学会如何学习的人。只有让学生真正认识到自主学习的重要性和必要性，学生才有学习的动力，才会积极主动地去学、想学，从而适应瞬息万变的信息时代的要求。

（2）自主学习是个体发展的主要途径。皮亚杰的构建主义学习观点认为：“知识不是客观的，而是个体在环境交互作用的过程中逐渐构建的结果。”著名科学家钱学森也曾说过：“自学是人生中最好的学习方法。”随着社会的飞速发展，人类知识的总量在与时俱增。课堂教学虽是学生获取知识的捷径，但课堂教学内容由于受到时间、空间等限制，学生在课堂上学到的知识与技能远跟不上社会发展的要求。社会才是一个大课堂，学生只有掌握了自主学习的方法，具备了自主学习的能力，才能在社会这个大课堂中不断地去探索、感知、摄入、编码、储存新的信息，并逐渐构建起新的信息链接，形成新的知识与技能，这样才能终身受益，有利于终身发展。

（二）构建轻松和谐的自主学习环境

教育理论认为，轻松和谐的环境能使人的情绪稳定，心情舒畅，人的思维活动能达到最佳状态。教师在教学的过程中，要根据教学内容与学生的实际，巧妙设计教学过程，营造轻松和谐的学习氛围，这对学生的愉快、自主学习是十分重要的。

构建平等、和谐的师生关系是创造良好学习氛围的关键。赞可夫曾说过：“我们要努力使学习充满无拘无束的气氛，使儿童和教师在课堂上能够自由地呼吸！如果不能造就这样的教学气氛，那么任何一种教育方法都不可能发挥其作用。”所以，教师在教学中要转变角色，要由知识的传授者转化为学生学习的促进者，由管理者转化为引导者，要尊重学生，让学生感到自己是课堂的主人，营造出一种教学互动、教学相长的氛围，这样学生的心情才能舒畅，学习的积极性与主动性才能调动起来，学生的个性与潜能才能得到发挥。

（三）不断创新教学方法

从某种意义说，学生学习兴趣是否浓厚，学习积极性主动性能否发挥，主要取决于教师的教学方法。教育心理学认为：学习动机中最现实、最活跃的成分是认识兴趣（或叫求知欲），它是指在学习中带有情绪色彩的意向活动。所以，教师在教学中一定要认真钻研教材，根据教学内容选择和创新教学方法，充分利用现代化教学手段，如演示课件、观看录像、收听音乐，开展实践活动等。这样不仅使教学内容直观形象，生动具体，增强教学内容的感知性与趣味性，而且能够活跃课堂气氛，激发学生的学习兴趣和求知欲，有利于调动学生学习的积极性与主动性，提高教学效果。

（四）加强对学生自主学习能力的策略训练与指导

所谓策略训练，是指教师指导学生在学习过程中根据需要有效地运用策略的一种活动。学习的策略训练与学生的自主学习之间是一种手段与目的的关系。学习策略训练不仅有利于更好地实现学习目标，而且有利于学生探索适合自己的学习方法，增强学生自主学习的能力。因此，在进行策略训练时，要根据学习对象、学习内容、学习环境等灵活选择合适的策略，以提高训练的效果。

1. 学生自主阅读训练的策略指导

阅读能力是学生必须掌握的最基本的能力之一。训练学生阅读教材、读懂教材是完成教学任务、培养学生能力的一个重要方面。比如，《思想品德》教材的内容是经过教育专家反复论证而确定的。教材内容具体，材料典型，观点正确，具有很强的时代感和说服力，还设有“主题探究”“相关链接”“名人名言“ “漫画故事”等，学生读懂教材内容 是有效完成教学内容的重要前提。所以，在训练学生阅读时，要引导学生根据学习内容，主动参与确立学习目标，自主选择适合的阅读内容、阅读方法。

阅读内容可以是课本中的内容，也可以是课外的内容，如课外书籍、报纸等，或者是学生日常生活中的实例。比如，在学习九年级第五课《灿烂的中华文化》时，教师不仅要让学生认真 阅读教材内容，还要引导学生收集我国流传千古的名人名言、富于哲理的格言警句、幽默风趣的歇后语，了解中国古典文学的“四大名著”、中国科学技术方面的“四大发明”，以及“孔融让梨”“香九龄温席”“孟姜女哭长城”等历史典故。这样可以丰富学生的知识，加深学生对我国悠久历史文化和优良传统美德的了解，从而更好地帮助理解课文，增强对祖国的热爱。在指导学生自主阅读时，要让学生选择适合自己的阅读方式，如轻读、朗诵、默读等，要根据阅读的内容需要调整阅读方式，以达到阅读的最佳效果，提高阅读能力。

2. 学生自主质疑训练的策略与指导

爱因斯坦说过："提出一个问题往往比解决一个问题更重要。""疑"是获得真知、增长才智、解决问题的起点。一切创造性思维始于"疑"。没有疑，就没有创新；没有疑，就谈不上探究，更说不上进步。所以，培养学生自主质疑、释疑的能力是教师教学的主要目的。在训练学生质疑、释疑能力时，教师必须做到：一是把课堂的主动权交给学生。要以学生为中心，把课堂的主动权交给学生，让学生有充裕的时间与空间去对所学习的材料进行阅读、思索、分析、内化与探究，自主质疑，让学生形成一种自主学习、独立思索、主动探究、大胆质疑的学习习惯，以利于提高学生自主质疑与独立思维的能力。二是要鼓励学生大胆质疑。"学贵在疑，小疑则小进，大疑则大进。"教师要根据设计的学习目标和学生的认知水平，启发诱导学生的质疑兴趣，让学生通过独立思考后大胆地提出问题，并对提出的问题展开热烈的讨论与争辩。通过争辩，明白事理，学到知识，提高觉悟。要充分鼓励和肯定学生质疑的积极性，让学生感到"我能行"，这样有助于激发学生学习的内动力。三是要加强对学生创新思维的训练指导。要引导学生在质疑过程中不被事物的表面现象所迷惑，要用发展变化的观点看问题，对任何事物都要从不同角度与不同方面去分析，要看事物的本质，多问几个为什么，这样有利于培养学生的创新思维。当学生在释疑过程中遇到困惑时，教师要及时巧妙地给学生提供帮助，如一个手势、一个眼神或一个词语，让学生在"山重水复疑无路"时，又觉"柳暗花明又一村"，使学生感到学习有支持，学习有快乐，学习有收获。

3. 学生自主活动训练的策略与指导

思想品德课教学的最终目的就是让学生做到知行统一，使学生将知识转化为能力，将观点转化为行动。这一过程只有通过学生自身的不断实践与认识才能完成。教师要在教学中不断地指导学生积极主动地参与各种实践活动，让学生在实践活动中感受与体验生活的内涵，加深对生活的认识与理解，所以教学的活动化就成为思想品德课教学的显著特征。这就要求教师在教学过程中有目的、有计划地采取策略，指导学生自主参与活动内容、对象、形式的设计。这种活动训练的步骤是：一是指导学生根据学习目的自主参与选择活动内容和对象。二是积极主动、有情感地参与活动的全过程，并根据活动的需要对活动进行监控和调节，保证活动的顺利进行。三是记录好活动过程中出现的各种问题或现象，以备分析、调适和评估等。四是对活动的过程、现象、结果等进行分析、评估。五是写出评估报告。在整个活动的全过程中要以学生为主体，教师只能起引导、点拨的作用。

这样长期有目的、有计划地加强对学生自主制订活动计划、选择活动内容、参与、监控、指导和调节活动过程的策略训练和指导，有利于增强学生自主活动的意识，提高自主学习的能力。

总之，学生自主学习能力的培养是社会发展的要求，更是学生终身发展的需要。自主学习能力的培养是一个循序渐进的过程，依据学生的心理需要，激发学生的学习动机，采取合适的学习策加强训练，在师生的共同努力下，学生的自主学习能力一定会得到有效的提高。

第七节　利用网络促进师生互动交流

计算机网络为现代化教育提供了一种新的支持形式，在网络环境教学中，学生是知识学习的主动者，外界信息经过教师的组织、引导和学生的主动建构，转变为学生自身的知识。

一、网络教学

网络教学就是以网络作为主要信息传递媒体的教学活动。网络教学具有数字化、多媒体和交互的特征，是现代信息与教育技术和教育理念的有机结合、师生准分离的一种新型教育模式。它的教育概念、教育过程、教学资源、教育手段、教学管理、教学模式、教育对象、教学内容、教学方法和学习方法等方面与传统的教育大相径庭。

二、师生互动

师生互动是在师生之间进行交流与沟通，是一个以文本为中介所产生的思想碰撞和情感交流的过程。师生互动注重师生形成积极多维、有效的互动，让课堂充满生机盎然，使师生都得到成长。基于网络的师生互动属于网络教 学活动的重要部分。

三、师生在互动中传授交流

首先，教师是知识的传授者。现代教育思想要求教师不再把知识刻板机械地灌输给学生，而是在对学生了解的情况下灵活地向学生传授知识。教师对学生的了解主要包括两个方面：一方面认识到学生的差异性并对具体的差异有所 把握，针对学生的不同特点分别予以鼓励和启发，使学生向符合教学目标要求和符合社会需求的方向发展；另一方面观察到学生的学习状态，在最适合的时机传授最适当的知识。传统的教学条件下，教师基 本上处于传授知识的主体，大多数教师通过灌输式地传播知识。在网络环境下，教师的地位受到了冲击。网络能够以最便捷的方式呈现学生所需要的信息，不像在传统的条件下有限的信息资源只有教师才能够享用的。

学生可以借助网络获得一些教师也不曾掌握的知识，可以与不在一个教学环境下的学生进行知识交流，还可以主动探索未知空间，丰富自身的知识。网络教学最大的特点是它的实时交互性。实时交互性是指在网络上的各个终端可以即时实施回答，学生可以通过与教师的交互获得教师的指导，通过与学生的交互进行协作学习。通过交互，学生能及时地了解自己的进步与不足，并按照要求进行调整，从而更好地提高学习的质量与效率。学生还可以共享网络资源，这对教育个性化的形成、学生创造思维的培养、实现教学过程要素关系的转变、促进应试教育向素质教育转轨都会有重大的影响。

四、网络教学中教师的作用

网络环境中，教师的作用仍然很重要。教育活动的一个重要特征是传授知识，保证知识的延续性和完整性。知识体现及其陈述方式和理解方式有着千差万别的变化，对于变化的把握，只有训练有素和具有不间断教学经验的教师才能够完成。教师不仅需要借助网络媒体学生传递教学信息，还需要对学生的情况有所了解，随时掌握学生的学习态度，以便调整自己的知识传授内容和传授方式，了解并满足学生的个别需要，促成学生的个性发展和全面发展。这就要求利用网络教学的教师将其主要职能由“教”变为“导”，帮助学生决定适合个体需求和个体实际的目标，创设丰富的教学情境，激发学生获取知识和能力的动机，培养积极向上的兴趣，发展学生认知、判断、选择各种能力，养成良好的学习习惯。教师应与学生建立开放型的合作关系。教师可以通过网络与自己的学生进行正式或非正式的交流、合作，研究共同的兴趣。

五、师生的沟通

教师除了向学生传授知识信息等，还应该与学生多进行沟通，从而增进师生之间的了解。这样还可以使教师在多方面影响学生，为学生带去正面的能量，帮助学生全面发展。当前网络教学中，师生之间的交流通常被忽视了。在网络教学中，学生难与教师当面交流，客观上使师生之间的感情沟通比较困难。教师应该主动与学生交流，才可能使学生更加愿意与教师沟通和交流。

教师与学生之间的交流在当今的网络环境下有很多途径，不一定要一对一的对话。教师可以通过微信朋友圈、微信好友群、QQ、博客等很多公众平台，提出一些可以和学生产生共鸣的话题，让学生主动参与评论，甚至可以交谈，打开学生的心扉。拉近教师与学生之间的距离之后，再去与学生深度交流，帮助学生解决切实的需求。在交流中，要多给学生引导启发性的建议，少一些指向命令性的答案。

在网络教学中，强调学生的主体作用和自主学习，教师从授课为主的教学方式转变为授课为辅、引导为主的教学方式。教师应更好地利用网络媒体的交互能力，合理利用网络资源，提高网络教学的效果。

第七章　网络素养教育实践

第一节　学校网络安全教育课程设计

学校网络安全教育课程设计是一个综合性的任务，旨在提高学生的网络安全意识，培养他们安全使用网络的能力。以下是一个详细的课程设计示例。

一、课程目标

（一）知识目标

（1）使学生了解网络安全的基本概念、重要性以及常见的网络安全威胁。

（2）让学生掌握基本的网络安全防护措施和应对方法。

（二）技能目标

（1）培养学生识别网络欺诈、钓鱼网站等网络安全风险的能力。

（2）提高学生保护个人隐私和信息安全的能力。

（三）态度目标

（1）使学生树立正确的网络安全观念，增强网络安全意识。

（2）培养学生自觉遵守网络安全法律法规和道德规范的习惯。

二、课程内容

（一）网络安全基础知识

（1）介绍网络安全的基本概念、发展历程和重要性。

（2）讲解常见的网络安全威胁，如病毒、木马、黑客攻击等。

（二）个人隐私与信息安全

（1）阐述个人隐私的重要性以及网络环境下个人隐私面临的挑战。

（2）教授学生如何保护个人隐私，如设置强密码、谨慎分享个人信息等。

（三）网络欺诈与防范

（1）分析网络欺诈的常见手法和案例。

（2）教授学生如何识别并防范网络欺诈，如警惕陌生链接、不轻易透露个人信息等。

(四) 网络安全法律法规与道德规范

(1) 介绍国内外网络安全相关的法律法规和道德规范。

(2) 强调学生应自觉遵守网络安全法律法规和道德规范，共同维护网络安全。

三、教学方法

(一) 讲授法

教师讲解，使学生掌握网络安全的基础知识。

(二) 案例分析法

结合典型的网络安全案例，引导学生分析案例中的网络安全问题，提高他们发现问题的意识和解决问题的能力。

(三) 小组讨论法

组织学生分组讨论网络安全相关的话题，鼓励他们发表自己的观点和看法，培养他们的团队合作能力和批判性思维能力。

(四) 实践操作法

进行模拟网络安全攻击和防护的实践操作，使学生掌握网络安全防护的实际技能。

四、课程评估

(一) 课堂表现

观察学生在课堂上的表现，如参与度、回答问题的情况等，评估他们对网络安全知识的掌握程度。

(二) 作业完成情况

布置与网络安全相关的作业，如撰写网络安全案例分析报告、制作网络安全宣传海报等，评估学生的实践能力和创新能力。

(三) 测试与考核

通过测试或考核的方式，检查学生对网络安全知识的掌握情况和应用能力。

五、课程设计注意事项

(一) 课程内容要贴近学生实际

选择与学生生活密切相关的网络安全话题，使课程内容更具吸引力和实用性。

(二) 教学方法要多样化

采用多种教学方法，激发学生的学习兴趣和积极性。

（三）注重实践操作

进行实践操作，使学生掌握网络安全防护的实际技能，提高他们的应用能力。

（四）加强课程评估与反馈

及时评估学生的学习情况，根据反馈调整教学内容和方法，确保课程目标的实现。

以上课程设计，可以帮助学生全面了解网络安全知识，提高他们的网络安全意识和防护能力，为他们在未来的网络生活中保驾护航。

第二节　家庭中网络安全教育的重要性

在数字化时代，网络已成为人们日常生活不可或缺的一部分，尤其对于家庭而言，网络不仅提供了便捷的信息获取渠道，还丰富了家庭成员之间的沟通方式。然而，随着网络使用的普及，网络安全问题也日益凸显，对家庭和个人构成了潜在威胁。因此，家庭中开展网络安全教育显得尤为重要，它不仅关乎个人隐私安全，还关系到家庭成员的财产保护、心理健康以及家庭整体的数字安全。

一、家庭中网络安全教育的主要内容

（一）保护个人隐私安全

个人隐私是每个人的基本权利，但在网络空间中，个人隐私极易被泄露。家庭成员应学会如何保护自己的姓名、地址、电话号码、身份证号码等敏感信息，避免在不安全的网站或社交媒体上随意公开。同时，了解并遵守网站的隐私政策，谨慎处理个人数据，可以有效减少隐私泄露的风险。

（二）防范网络诈骗手段

网络诈骗形式多样，如钓鱼邮件、假冒客服、虚假投资等，这些诈骗往往针对人性弱点设计，极易让人上当受骗。家庭成员应学习识别并防范这些诈骗手段，不轻信陌生人的信息，不随意点击不明链接或下载未知附件，遇到可疑情况及时与家人或警方沟通。

（三）识别恶意软件和病毒

恶意软件和病毒是网络安全的一大威胁，它们可能通过电子邮件、下载的文件或浏览的网站传播。家庭成员应学会识别并避免下载或运行来源不明的软件，安装并定期更新防病毒软件，保持系统的安全性。

（四）培养安全上网习惯

安全的上网习惯是防范网络安全风险的基础。家庭成员应养成定期更新操作

系统和软件、使用强密码、不随意连接公共 Wi-Fi 等习惯，以减少被黑客攻击的风险。

（五）增强网络防骗意识

除了直接的诈骗手段，网络世界中还存在许多隐蔽的欺诈行为，如虚假广告、网络钓鱼等。家庭成员应增强防骗意识，学会辨别信息的真伪，不轻信网络上的承诺，保护自己的财产安全。

（六）学习密码管理技巧

密码是保护个人信息和账户安全的第一道防线。家庭成员应学习如何设置和管理密码，使用复杂且独特的密码组合，定期更换密码，避免使用同一密码登录多个重要账户。

（七）了解网络安全法规

网络安全法规是保障网络环境健康、有序发展的基础。家庭成员应了解并遵守国家关于网络安全的相关法律法规，了解网络犯罪的法律后果，增强法律意识，维护网络空间的和谐与稳定。

（八）保障家庭数据安全

家庭数据包括照片、视频、文档等个人资料，以及家庭财务、健康等敏感信息。家庭成员应学习如何备份和恢复数据，使用加密技术保护敏感数据，防止数据丢失或被非法访问。

总之，家庭中开展网络安全教育不仅是对个人安全的负责，也是对家庭整体安全的保障。提高家庭成员的网络安全意识，可以有效防范网络风险，保护个人隐私和家庭数据安全，为家庭营造一个安全、健康的网络环境。

二、增强网络安全意识的家庭活动

一系列富有教育意义和趣味性的家庭活动，不仅能够增进家庭成员之间的互动，还能有效增强每个人的网络安全防范能力。以下是一些关于家庭活动的建议，旨在促进网络安全意识的提升。

（一）网络安全知识问答竞赛

组织一场网络安全知识问答竞赛，涵盖个人隐私保护、网络诈骗识别、恶意软件防范等方面的内容。家庭成员可以通过查阅资料、相互讨论来准备，竞赛过程既有趣又能加深理解。

（二）模拟网络诈骗情景剧

编写并表演模拟网络诈骗的情景剧，如假冒客服、钓鱼邮件、虚假中奖通知等常见诈骗场景。通过角色扮演，家庭成员可以亲身体验诈骗手法，提高警惕性和识别能力。

（三）家庭网络安全研讨会

定期举行家庭网络安全研讨会，邀请网络安全专家或家庭成员分享网络安全最新资讯、案例分析或防范措施。鼓励家庭成员提出疑问，共同讨论解决方案。

（四）密码管理游戏

设计一款密码管理游戏，如密码挑战赛，要求家庭成员创建并记忆复杂而独特的密码组合，通过游戏的方式学习密码管理技巧，如使用密码管理工具、定期更换密码等。

（五）家庭网络安全审查

一起进行家庭网络安全审查，检查家中的电子设备（如电脑、手机、平板）是否安装了最新的安全补丁，防病毒软件是否更新，以及是否存在潜在的安全隐患。

（六）以网络安全为主题的手工制作

鼓励家庭成员以网络安全为主题进行手工制作，如制作网络安全提示卡片、海报或视频，既能锻炼创造力，又能将网络安全知识以直观的方式展现出来。

（七）家庭网络安全日记

鼓励每位家庭成员记录每天的网络安全行为，如遇到的网络安全问题、学习的网络安全知识、采取的安全措施等，定期分享并讨论，形成良好的网络安全习惯。

（八）参观网络安全展览或讲座

寻找当地的网络安全展览或讲座，带领家庭成员一同参观学习，通过互动展览和专家讲解，深入了解网络安全的重要性和防范措施。

这些富有创意和教育意义的家庭活动，不仅能够提升家庭成员的网络安全意识，还能增强家庭成员之间的沟通与协作，共同为家庭营造一个更加安全的网络环境。

【知识链接】

如何检测家中 Wi-Fi 的安全性?

检测家中 Wi-Fi 的安全性是确保网络安全的重要步骤。以下是一些具体的检测方法，旨在帮助识别潜在的安全风险并采取相应的防护措施。

一、检查 Wi-Fi 密码和加密方式

（一）密码强度

确保 Wi-Fi 密码足够复杂，避免使用简单或默认的密码。密码应包含大小写字母、数字和特殊字符的组合，长度至少 8 位以上。

（二）加密方式

检查 Wi-Fi 网络是否使用最新的加密标准，如 WPA3。避免使用较老的加密方式，如 WEP 或 WPA/WPA2（非 WPA2-PSK），这些方式存在已知的安全漏洞。

二、登录路由器管理界面

（一）访问路由器

在浏览器中输入路由器的 IP 地址（通常是 192.168.1.1 或 192.168.0.1），登录路由器管理界面。输入用户名和密码（默认可能是 admin/admin，或查看路由器背面标签）。

（二）检查连接设备

登录后，查看“已连接设备”或“DHCP 客户端列表”，识别未知或可疑设备。如果发现未知设备，应立即断开其连接，并更改 Wi-Fi 密码。

三、使用专业工具检测

（一）信号强度检测

使用专业的 Wi-Fi 测试工具（如 WirelessMon 软件）或智能手机应用（如 WiFi 魔盒、WiFi Analyzer）来测量信号强度。信号强度通常以 dBm（分贝毫瓦）表示，数值越低表示信号越强。注意信号异常强的 Wi-Fi 可能存在风险，可能是邻居的 Wi-Fi 信号过强或有恶意设备试图干扰。

（二）网络速度测试

使用在线测速网站（如 Speedtest. net、Fast. com）或专业的网络测速工具（如 iPerf）来测量 Wi-Fi 网络的上传和下载速度。测试在不同时间段（如高峰时段和低谷时段）的网络速度，以评估网络的稳定性和性能变化。

（三）Ping 测试

通过命令提示符或终端输入“ping 路由器 IP”，观察响应时间和丢包情况。延迟时间越短，表示网络响应越快，用户体验越好。

四、关注网络安全新闻

（1）定期关注网络安全新闻，了解最新的网络安全动态和漏洞信息。这有助于及时发现并应对可能影响家中 Wi-Fi 安全的潜在威胁。

（2）在电脑和手机上安装可靠的安全软件，如防火墙、杀毒软件等。这些软件可以检测和防范网络威胁，包括恶意软件、病毒和钓鱼攻击等。

五、定期审查与更新

（一）审查连接设备

定期登录路由器管理界面，审查并移除未知或不再使用的设备。

（二）更新设备固件

保持路由器和其他网络设备的固件更新，以修复已知的安全漏洞。

（三）更新操作系统和软件

确保电脑、手机和其他智能设备的操作系统和软件都是最新版本。这有助于减少安全漏洞，提高设备的安全性。

检查 Wi-Fi 密码和加密方式、登录路由器管理界面、使用专业工具检测、关注网络安全新闻、使用安全软件以及定期审查与更新等措施，可以全面提高家中 Wi-Fi 的安全性。这些步骤不仅有助于防范未经授权的访问和数据泄漏风险，还能确保网络连接的稳定性和性能。

第三节　社区参与网络安全宣传的方式

社区参与网络安全宣传的方式多种多样，旨在提高居民的网络安全意识，增强他们的防范能力。以下是一些常见的社区参与网络安全宣传的方式。

一、线上宣传

（一）社交媒体平台

利用社区微信群、QQ 群、微博等社交媒体平台，发布网络安全知识、案例警示、防范技巧等内容，引导居民关注网络安全问题。

（二）官方网站与公众号

建立或维护社区的官方网站和微信公众号，定期发布网络安全相关的文章、视频、海报等，为居民提供便捷的网络安全学习资源。

（三）在线讲座与直播

组织网络安全专家或志愿者进行在线讲座或直播，解答居民关于网络安全的疑问，提供实用的防范建议。

二、线下活动

（一）宣传资料发放

制作网络安全宣传手册、海报、折页等宣传资料，并在社区公告栏、超市、学校等公共场所进行发放，让居民随时了解网络安全知识。

（二）讲座与研讨会

邀请网络安全专家、学者或相关机构的工作人员到社区举办讲座或研讨会，深入讲解网络安全的重要性和防范措施。

（三）互动体验活动

设置网络安全体验区，通过模拟网络诈骗、病毒攻击等场景，让居民亲身体验网络安全风险，并学习如何防范。

（四）知识竞赛与问答

组织网络安全知识竞赛或问答活动，鼓励居民积极参与，通过游戏化的方式提高他们对网络安全知识的了解和掌握。

三、合作与联动

（一）与政府部门合作

与公安、网信等政府部门建立合作关系，共同开展网络安全宣传活动，提高活动的权威性和影响力。

（二）与企业合作

与网络安全企业建立合作关系，邀请它们提供技术支持和宣传资源，共同推动网络安全宣传工作的深入开展。

（三）与其他社区联动

与其他社区建立联动机制，共同策划和组织网络安全宣传活动，形成规模效应和协同效应。

四、持续宣传与教育

（一）定期更新宣传内容

根据网络安全形势的变化和居民的需求，定期更新宣传内容，确保宣传的时效性和针对性。

（二）建立长效机制

将网络安全宣传纳入社区日常工作中，建立长效机制，确保宣传活动的持续性和有效性。

（三）培训志愿者

培训一批网络安全志愿者，让他们成为社区网络安全宣传的骨干力量，协助社区开展网络安全宣传和教育活动。

社区参与网络安全宣传的方式多种多样，既包括线上宣传也包括线下活动。同时，还需要与政府、企业和其他社区建立合作关系，共同推动网络安全宣传工作的深入开展。这些方式可以有效提高居民的网络安全意识和防范能力，为构建安全、和谐的网络环境贡献力量。

第四节　开展网络安全主题活动

一、网络安全教育活动方案

（一）活动背景

随着互联网的快速发展，网络犯罪不断增加，网络信息泄露的风险也随之升高，网络安全成为一个备受关注的话题。因此，加强网络安全教育，提高公众的网络安全意识，已成为当务之急。

下面给出一份网络安全教育活动方案，以提升公众的网络安全意识，增强自我保护能力。

（二）活动目标

（1）提高公众对网络安全的认识、理解和重视程度，使其遵守网络安全规则，增强自我保护意识。

（2）传播网络安全知识，提升广大民众的网络安全技能，提高网络安全防范能力。

（3）促进政府、企业和公众共同参与网络安全保护，形成全社会共同维护网络安全的良好氛围。

（三）活动内容及形式

1. 专题讲座

邀请网络安全领域的专家学者，举办专题讲座，讲解网络安全的重要性、现状和发展趋势，介绍网络安全的基本知识和常见问题，提出网络安全防范的建议和方法。讲座内容贴近实际、易于理解，以生动有趣的方式呈现，吸引听众的关注。

2. 网络安全知识竞赛

组织网络安全知识竞赛，包括网络安全基础知识、网络诈骗防范、个人信息保护等内容。通过问答竞赛的形式，测试参赛者对网络安全知识的掌握程度，增强他们的学习兴趣和积极性。并在比赛过程中向参赛者灌输网络安全的相关知识，提高参赛者的网络安全意识。

3. 互动讨论

安排专门的时间进行互动讨论环节，开放式的讨论形式，让参与者就网络安全领域的热点问题进行交流讨论，提出自己的看法和建议，分享自己的经验和观点。通过集体思维，形成共识，为网络安全保护提出更多的创新理念，增强大家的主动参与意识。

4. 宣传教育展览

搭建网络安全宣传教育展览场所，展示网络安全相关知识、案例、防范技巧等内容，吸引观众的目光，引导大家了解网络安全的重要性，提高网络安全意识。通过图片、文字、视频等形式，生动地展示各种网络安全问题和解决办法，提升观众的学习效果。

（四）社会公益宣传

开展网络安全公益宣传活动，向市民免费发放网络安全知识手册等宣传资料；利用各种宣传途径，如广播、电视、报纸、网络等媒介，发布网络安全宣传广告，提高公众对网络安全的认识和关注度。

（五）活动组织方式

（1）专门组织网络安全教育活动策划小组，明确活动的目标、内容、时间、地点和人员安排。

（2）邀请网络安全领域的专家学者、行业协会、政府官员等相关人士，担任专题讲座的主讲人。

（3）开展网络安全知识竞赛，组织网络安全爱好者、在校学生、社会公众等广大群众参与。

（4）利用社交媒体等现代化宣传手段，宣传网络安全教育活动，吸引更多人参与。

（5）积极与企业、社区、学校、媒体等进行合作，共同推广和支持网络安全教育活动。

（六）活动预期效果

（1）提高大众的网络安全意识和自我保护能力，减少网络犯罪的发生。

（2）传播网络安全知识，提升民众的网络安全技能，降低网络信息泄露的风险。

（3）加强政府、企业和社会公众的合作，形成网络安全共同防范的合力。

（4）提升社会公众对网络安全的认识程度，推动网络安全教育的深入开展。

（七）活动预算

网络安全教育活动需要相应的经费支持，主要包括场地租用费、讲座费用、宣传费用、奖品费用等。

（八）活动总结

网络安全教育活动是一项具有重要意义的社会公益活动，可以提高人们对网络安全的认识和重视程度，增强自我保护意识，促进网络安全保护的深入开展构建一个安全、有序的网络环境。

二、可用于网络安全宣传的新技术

在网络安全宣传中，可以运用多种新技术来增强宣传效果，提高公众的网络安全意识和防护能力。以下是一些可用于网络安全宣传的新技术。

(一) AIGC 技术

AIGC（Artificial Intelligence Generated Content）技术，即人工智能生成内容技术，可以用于网络安全宣传内容的创作。例如，利用 AIGC 技术可以生成网络安全相关的文章、视频、动画等，这些内容可以以更加生动、直观的方式呈现网络安全知识，提高公众的兴趣和参与度。

(二) 虚拟现实(Virtual Reality，VR)与增强现实(Augmented Reality，AR)技术

1. 虚拟现实（VR）技术

通过构建虚拟的网络安全环境，公众可以身临其境地体验网络安全威胁和防护措施。可以用于模拟网络钓鱼、恶意软件攻击等场景，帮助公众了解这些威胁的危害性和防范方法。

2. 增强现实（AR）技术

在现实世界中叠加虚拟信息，为公众提供实时的网络安全提示和防护建议。例如，在公共场所设置 AR 提示牌，当公众靠近时，通过手机或 AR 眼镜接收网络安全知识和防范措施。

(三) 大数据与人工智能技术

1. 大数据分析

利用大数据技术收集和分析网络安全相关的数据，可以了解公众的行为模式和关注点。根据分析结果，定制个性化的网络安全宣传内容和策略，提高宣传的针对性和有效性。

2. 人工智能推荐系统

基于用户的兴趣和行为数据，推荐相关的网络安全文章、视频或培训课程。这可以帮助公众更容易地找到他们感兴趣的网络安全内容，提高学习积极性和效果。

(四) 物联网（Internet of Things，IOT）技术

物联网技术可以用于构建智能化的网络安全宣传平台。例如，在公共场所设置智能宣传屏或智能音箱，实时播放网络安全知识和案例，提醒公众保持警惕。此外，还可以利用物联网技术实现远程监控和管理，确保宣传设施的正常运行和及时更新。

(五) 区块链技术

区块链技术可以用于确保网络安全宣传内容的真实性和可信度。区块链技术

可以帮助记录和验证宣传内容的来源、修改历史和传播路径，防止虚假信息的传播和误导。同时，区块链技术还可以用于构建去中心化的网络安全宣传平台，提高信息的透明度和可追溯性。

（六）量子加密通信技术

虽然量子加密通信技术目前主要用于高端安全通信领域，但其原理和技术特点也可以用于网络安全宣传中。通过介绍量子加密通信的原理和优势，公众可以了解最新的网络安全技术和趋势，提高对网络安全未来的认识和期待。

新技术在网络安全宣传中的应用具有广阔的前景和潜力。这些新技术，可以创新宣传方式、提高宣传效果，为构建更加安全、健康、和谐的网络环境贡献力量。

第五节　利用案例教学提升安全意识

青少年作为网络原住民，其网络安全意识的培养至关重要。案例教学可以有效提升青少年的网络安全认知，帮助他们学会识别网络风险，保护自身安全。以下是一套涵盖案例选取与解析、网络诈骗防范、个人信息保护、社交媒体安全、网络谣言识别、网络安全法律教育、应急响应与自救以及安全意识培养总结的综合性方案。

一、案例选取与解析

（1）目标：选取贴近青少年生活的真实网络安全案例，进行深入解析，揭示网络风险的本质。

（2）实施：从新闻报道、社交媒体、公安机关通报等渠道搜集案例，确保案例具有教育意义且易于理解。通过视频、图文等形式，生动展示案例背景、发生过程、影响及防范措施，让青少年从案例中汲取教训。

二、网络诈骗防范

（1）目标：增强青少年对网络诈骗的识别与防范能力。

（2）实施：选取典型的网络诈骗案例，如冒充公检法部门、中奖诈骗、网购退款等，分析其诈骗手法和受害人的心理弱点。通过角色扮演、情景模拟等方式，让青少年学会识别诈骗信息，掌握应对策略。

三、个人信息保护

（1）目标：教育青少年如何保护个人隐私，避免个人信息泄露。

（2）实施：结合案例，讲解个人信息的重要性及泄露的危害。通过模拟实验，展示如何在网络上保护个人信息，如设置复杂密码、不随意透露个人信息等。

四、社交媒体安全

（1）目标：提升青少年在社交媒体上的自我保护能力。

（2）实施：分析社交媒体上常见的安全风险，如隐私泄露、网络欺凌等。通过案例讲解，让青少年了解如何设置社交媒体隐私权限，避免过度分享个人信息，以及如何应对网络欺凌。

五、网络谣言识别

（1）目标：培养青少年识别网络谣言的能力，避免被虚假信息误导。

（2）实施：选取网络谣言案例，分析其传播特点、危害及识别方法。通过对比分析，让青少年学会从信息来源、逻辑合理性等方面判断信息的真实性。

六、网络安全法律教育

（1）目标：增强青少年的网络安全法律意识，了解网络犯罪的严重后果。

（2）实施：结合网络安全相关法律法规，讲解网络犯罪的定义、类型及法律责任。通过案例分析，让青少年认识到网络犯罪的严重性，学会用法律武器保护自己。

七、应急响应与自救

（1）目标：提升青少年在网络安全事件中的应急响应和自救能力。

（2）实施：通过模拟网络安全事件，如账户被盗、信息泄露等，让青少年了解如何快速响应，采取有效措施自救。同时，教授青少年如何向家长、老师或相关机构求助。

八、安全意识培养总结

（1）目标：总结案例教学在提升青少年网络安全意识方面的成效，提出持续改进的建议。

（2）实施：通过问卷调查、访谈等方式，收集青少年对案例教学的反馈意见。根据反馈，分析案例教学的效果，总结成功经验，提出改进措施，如增加互动环节、优化案例内容等，以持续提升青少年的网络安全意识。

案例教学在提升青少年网络安全意识方面具有显著优势。精选案例、深入分析、实践演练等方式，可以有效增强青少年的网络安全认知，帮助他们学会识别网络风险，保护自身安全。

第六节　网络安全教育评估体系构建

网络安全已成为国家安全、社会稳定和个人隐私保护的重要组成部分。为了有效应对日益复杂的网络安全威胁，构建一套科学、全面、动态的网络安全教育评估体系至关重要。下面将从评估体系概述、教育内容评估、教育方法评估、教育效果评估、安全标准规范、风险评估与管理、安全意识培训以及持续改进机制等方面详细阐述如何构建这一体系。

一、评估体系概述

网络安全教育评估体系是一个旨在衡量、监测和改进网络安全教育效果的综合框架。它通过分析教育过程中的关键要素，如内容、方法、效果等，确保教育活动的有效性和针对性。评估体系的核心在于建立一套科学的评估标准和流程，以实现网络安全教育的持续优化。

二、教育内容评估

（1）目标定位：评估教育内容是否符合当前网络安全形势，是否满足学员的实际需求。

（2）内容完整性：检查教育内容是否覆盖了网络安全的基础知识、法律法规、防范技巧、应急响应等方面。

（3）时效性与更新：确保教育内容紧跟技术发展，及时更新，以反映最新的网络安全威胁和防御策略。

三、教育方法评估

（1）互动性与参与性：评估教学方法是否能激发学员的兴趣，促进师生互动和学员之间的合作学习。

（2）实践操作：检查是否提供了足够的实践操作机会，让学员能够将理论知识转化为实际操作技能。

（3）多媒体与数字技术：利用虚拟现实（VR）、增强现实（AR）等先进技术，提高教育的趣味性和实效性。

四、教育效果评估

（1）知识掌握：通过考试、测试等方式，评估学员对网络安全知识的掌握程度。

（2）技能提升：通过模拟攻击、应急演练等活动，检验学员在实际操作中应用网络安全知识的能力。

（3）态度与行为：观察学员在网络安全方面的态度变化和行为改进，如是否更加重视个人信息保护，是否主动传播网络安全知识。

五、安全标准规范

（1）建立标准：根据国际和国内网络安全标准，制定适合本组织的网络安全教育标准和规范。

（2）合规性检查：确保教育内容、方法和效果评估都符合相关标准和规范的要求。

六、风险评估与管理

（1）风险识别：分析网络安全教育过程中可能存在的风险，如学员信息泄露、教学内容过时等。

（2）风险评估：对识别出的风险进行量化评估，确定其严重程度和可能性。

（3）风险管理：制定风险应对策略，如加强数据保护、定期更新教育内容等，以降低或消除风险。

七、安全意识培训

（1）定期培训：组织定期的安全意识培训，提高全员对网络安全的认识和重视程度。

（2）针对性培训：针对不同岗位和职责的学员，提供定制化的安全培训内容。

（3）案例分析：通过分析真实的安全事件案例，让青少年了解网络安全威胁的严重性和防范措施的重要性。

八、持续改进机制

（1）反馈收集：建立有效的反馈机制，收集学员、教师和组织的意见和建议。

（2）数据分析：对反馈数据进行深入分析，找出教育过程中的不足之处。

（3）优化改进：根据分析结果，对教育内容、方法、效果评估等方面进行持续优化和改进。

构建网络安全教育评估体系是一个复杂而系统的过程，需要综合考虑多个方面。通过科学的评估标准和流程，我们可以不断提升网络安全教育的质量和效果，为培养更多具备网络安全素养的人才贡献力量。

第八章　未来网络空间展望与挑战

第一节　新兴技术对网络安全的影响

新兴技术对网络安全产生了深远的影响，这些影响既包含挑战，也包含机遇。以下是对新兴技术如何影响网络安全的详细分析。

一、新兴技术带来的网络安全挑战

（一）攻击面扩大

新兴技术的快速发展和应用，如物联网（IOT）、云计算、大数据等，极大地扩展了网络攻击面。更多的设备和系统连接到网络，意味着更多的潜在漏洞和攻击入口。例如，物联网设备的普及增加了网络安全威胁，这些设备往往缺乏足够的安全防护，容易被恶意攻击和控制。

（二）数据泄漏风险增加

随着云计算、大数据等新兴技术的应用，大量敏感数据被集中存储和处理，增加了数据泄露的风险。

新兴技术的复杂性和多样性使得数据泄露的途径也更加多样化，包括网络攻击、内部人员失误等。

（三）网络攻击手段升级

新兴技术为网络攻击者提供了更多的攻击手段，如利用漏洞进行攻击、制造勒索软件、进行网络钓鱼等。这些攻击手段往往更加隐蔽、复杂，难以检测和防御。

（四）漏洞利用方式多样化

新兴技术的发展速度超过了漏洞修复的速度，导致许多漏洞被攻击者利用。漏洞利用方式也更加多样化，包括零日漏洞、侧信道攻击等。

二、新兴技术为网络安全带来的机遇

（一）提高安全防护能力

新兴技术如人工智能（Artificial Intelligence，AI）、机器学习等可以被用于提高网络安全防护的效率和准确性。例如，AI 可以用于检测异常流量、识别恶意软

件等，从而提高网络安全的防御能力。

（二）促进安全技术创新

新兴技术的发展推动了网络安全技术的创新。例如，区块链技术为网络安全提供了新的解决方案，其去中心化和加密特性使得数据难以被篡改和攻击，提高了网络交易和信息存储的安全性。

（三）推动安全产业发展

新兴技术的广泛应用推动了网络安全产业的发展。随着网络安全威胁的不断增加，公众对网络安全产品和服务的需求也在不断增加，这为网络安全产业带来了巨大的发展机遇。

三、应对策略

（一）加强安全防护

针对新兴技术带来的网络安全挑战，应加强安全防护措施。例如，对物联网设备进行安全加固、加强云计算环境的安全防护等。

（二）提高安全意识

加强网络安全意识培训，提高用户的安全意识和防范能力。通过定期的安全演练和模拟攻击等方式，提高用户对网络安全事件的应对能力。

（三）加强技术研发

加大对网络安全技术研发的投入，推动技术创新和进步。研发更加高效、安全的网络安全技术和产品，以应对不断变化的网络安全威胁。

（四）完善法律法规

制定和完善网络安全法律法规体系，明确各方责任和义务。加大对网络安全违法行为的惩处力度，提高违法成本，形成有效的威慑力。

综上所述，新兴技术对网络安全产生了深远的影响。面对这些影响，我们应积极应对挑战，抓住机遇，做好加强安全防护、提高安全意识、加强技术研发和完善法律法规等方面的工作，以确保网络空间的安全和稳定。

第二节　人工智能时代的网络安全趋势

一、人工智能的概述

人工智能也称智械、机器智能，是指由人制造出来的可以表现出智能的机器。通常人工智能是指通过普通计算机程序来呈现人类智能的技术。该词也指出研究这样的智能系统是否能够实现，以及如何实现。人工智能于一般教材中的定义领域是“智能主体（intelligent agent）的研究与设计”，智能主体指一个可以观察周遭环境并做出行动以达到目标的系统。约翰·麦卡锡（John McCarthy）于1955年的定义是“制造智能机器的科学与工程”。安德里亚斯·卡普兰（Andreas Kaplan）和迈克尔·海恩莱因（Michael Haenlein）将人工智能定义为“系统正确解释外部数据，从这些数据中学习，并利用这些知识通过灵活适应实现特定目标和任务的能力”。人工智能的研究是高度技术性和专业的，各分支领域都是深入且各不相通的，因而涉及范围极广。

人工智能的定义可以分为两部分，即“人工”和“智能”。“人工”比较好理解，争议性也不大。有时我们会考虑什么是人力所能及制造的，或者人自身的智能程度有没有高到可以创造人工智能的地步，等等。但总体来说，“人工智能”就是通常意义下的人工系统。因此，下一代人工智能（即未来人工智能技术）代表着以传统深度学习和机器学习为基础的传统人工智能在未来的一段时期之内的渐进过渡方向和发展方向。

人工智能在计算机领域内得到了愈加广泛的重视，并在机器人、经济政治决策、控制系统、仿真系统中得到应用。

【好书推荐】

《人工智能时代》

《人工智能时代》是斯坦福大学人工智能与伦理学教授杰瑞·卡普兰（Jerry Kaplan）撰写的图书，中文版由湛庐文化联合浙江人民出版社出版，属于湛庐文化联合中国人工智能学会推出的“机器人与人工智能”书系。

当机器人霸占了你的工作，你该怎么办？机器人犯罪，谁才该负责？人工智能时代，人类价值如何重新定义？

在《人工智能时代》一书中，智能时代领军人、硅谷连续创业者杰瑞·卡普兰指出：智能时代的到来给人类社会带来了两大灾难性冲击，持续性失业与不断加剧的贫富差距。机器正在很大程度上替代人类的工作，不管你是蓝领还是白领。而针对未来社会将要发生的这些问题，卡普兰在《人工智能时代》一书中从企业、税收和保险等机制上构建起了一个有益的经济生态，让社会中的每一个人都能从技术发展中获益，带领我们一窥人机共生下财富、工作与思维的大未来。《人工智能时代》一书提出的建议和解决方案给遭遇挑战的人们更多抚慰和安全感。

《人工智能时代》拥抱人工智能时代必读之作，引爆人机共生新生态。

二、人工智能时代的网络安全趋势

随着人工智能（AI）技术的快速发展，网络安全领域正经历着前所未有的变革。以下是人工智能时代网络安全的主要趋势，涵盖 AI 助长勒索攻击、AI 技术应对攻击、零信任架构兴起、零信任 SD-WAN 热点、高管参与度提升、AI 预测攻击趋势、多层次防护体系以及跨域智能协作增强等方面。

（一）AI 助长勒索攻击

近年来，勒索软件攻击频发，且有组织的黑客攻击目标已经从核心数据窃取扩展到金融、交通、能源、通信等行业的关键信息基础设施。生成式 AI 技术的应用加速了漏洞识别速度，使网络犯罪分子更容易发起复杂的勒索软件攻击。通过恶意大语言模型（Large Language Model，LLM），黑客可以迅速识别企业及其供应链合作伙伴的漏洞，并开发针对这些漏洞的利用代码。社会工程漏洞与生成式 AI 技术的结合，导致网络安全漏洞的质量、多样性和数量大幅提升，形成了一个可怕的攻击反馈循环。

（二）AI 技术应对攻击

尽管 AI 助长了勒索攻击，但它也为网络安全提供了新的防御手段。通过大数据分析和机器学习算法，AI 能够快速识别网络中的异常行为和潜在威胁，实现实时的威胁检测和预警。AI 不仅能够分析海量的网络数据，发现异常流量、恶意代码和未经授权的访问尝试，还能够通过不断学习和适应，提高防御的准确性和效率。企业可以利用生成式 AI 和机器学习工具，抢在黑客之前发现最可能被利用的漏洞，并有针对性地实施优先级分类和防护措施。

（三）零信任架构兴起

传统的网络安全依赖防火墙等物理边界防护，但新兴技术的应用使得网络边界变得模糊，传统安全边界逐渐瓦解。零信任架构基于以身份为基石、业务安全访问、持续信任评估、动态访问控制四大关键能力，构筑以身份为基石的动态虚拟边界产品与解决方案。零信任架构强调默认情况下不应该信任网络内部和外部的任何人、设备、系统和应用，而应该以认证、授权和加密技术重构访问控制为信任基础，并且这种授权和信任是动态调整的。

（四）零信任热点

软件定义广域网（Softwere Defined Wide Area Network，SD-WAN）具备敏捷性、智能性和可扩展性，成为多云环境下网络解决方案的新宠。零信任 SD-WAN 结合了 SD-WAN 的灵活性和零信任架构的安全性，不会将用户直接接入网络，而是在用户和应用程序之间建立点对点连接，从而消除横向威胁移动。零信任 SD-WAN 不仅提高了网络安全性，还减少了开销，因为企业不再需要担心管理路由表。

（五）高管参与度提升

随着人工智能时代网络安全攻防平衡被打破，“自下而上”的网络安全模式将难以应对新的威胁和风险。为了帮助企业推动“自上而下”的高效网络安全和风险管理，越来越多的企业将要求配备至少一位具有强大网络安全背景的董事会成员。美国证券交易委员会（Securities and Exchange Commission，SEC）发布规定，要求企业董事会成员和首席财务官更积极地参与降低网络安全风险，推动关键利益相关者更多地参与网络安全计划和决策过程。

（六）AI 预测攻击趋势

AI 通过分析网络攻击的历史数据，能够识别出攻击者的行为模式、目标以及他们可能采取的攻击手段，从而帮助网络管理员提前做好防范措施。AI 的预测能力使得企业能够在攻击发生之前识别出潜在的威胁，并发出预警，从而及时采取措施防止攻击的成功。

（七）多层次防护体系

日益复杂和频繁的勒索攻击对企业的网络安全防护提出了更高的要求。企业必须提升自身的防护能力，从早期检测到数据恢复，全方位构建起强有力的防护体系。例如，构建全面的数据安全预警检测系统、反勒索快速恢复机制、备份数据安全防护体系以及勒索风险信息展示平台，显著提升企业的数据安全防护能力。

（八）跨域智能协作增强

随着云计算、大数据、物联网等新兴技术的不断兴起，企业 IT 架构正在从"有边界"向"无边界"转变，传统的网络安全边界面临着外部威胁抵御的局限性。跨域智能协作成为应对这一挑战的重要手段。通过整合不同领域的安全技术和资源，实现信息共享和协同防御，可以更有效地应对复杂的网络威胁。例如，Gartner 提出的网络与安全超融合理念，将广域网与网络安全（如 SWG、CASB、FWaaS、ZTNA）结合起来，满足数字化企业的动态安全访问需求。

人工智能时代的网络安全趋势呈现出多样化、复杂化和智能化的特点。企业需要紧跟这些趋势，不断提升自身的网络安全防护能力，以应对日益严峻的网络威胁。

第三节　物联网环境下安全新课题

一、物联网的含义与发展

（一）物联网的含义

物联网是指通过信息传感设备，按照约定的协议，把任何物品与互联网连接起来，进行信息交换和通信，以实现智能化识别、定位、跟踪、监控和管理的一种网络。通俗地讲，物联网就是"物物相连的互联网"，它包含两层含义：一是物联网是互联网的延伸和扩展，其核心和基础仍然是互联网；二是物联网的用户端不仅包括人，还包括物品，物联网实现了人与物品及物品之间信息的交换和通信。

（二）物联网的兴起和发展

"物联网"一词起源于1999年的美国，麻省理工学院Auto－ID实验室最早明确提出物联网的概念，认为物联网就是将所有物品通过射频识别（Radio Frequency Identification，RFID）等信息传感设备与互联网连接起来，实现智能化识别和管理的网络。此时，物联网技术仅限于射频识别（RFID）和互联网。随后物联网不断发展，国际电信联盟（ITU）、欧洲智能系统集成技术平台（EPoSS）、欧盟物联网研究项目组（CERP-IOT）等机构纷纷给出各自的"物联网"定义，物联网概念由萌芽走向清晰。2008年11月，国际商业机器公司（IBM）提出"智慧地球"战略，得到了美国政府的支持和认可，国际多家知名物联网研究机构进一步将"智慧地球"的内容融入其发布的物联网相关报告中。

世界各国和地区对物联网给予高度关注，韩国、日本、美国等纷纷发布物联网战略，将物联网作为重点发展领域，如日韩基于物联网的"U社会"战略及美国"智能电网""智慧地球"等计划相继实施。中国政府也积极谋划布局物联网发展，2009年8月，时任国务院总理温家宝在无锡考察时做出关于"在激烈的国际竞争中，迅速建立中国的传感信息中心或感知中国中心"的重要指示精神。2011年11月，工业和信息化部印发《物联网"十二五"发展规划》，明确了物联网发展的方向和重点，加快培育和壮大物联网发展。2013年2月，国务院发布了《关于推进物联网有序健康发展的指导意见》，明确了发展物联网的指导思想、基本原则，提出了发展目标、主要任务和保障措施。

随着物联网不断发展，其技术体系逐渐丰富。物联网技术体系一般包括信息感知、传输、处理以及共性支撑技术。物联网产业主要涵盖物联网感知制造业、物联网通信业和物联网服务业。

（三）物联网的影响

物联网作为新一代信息技术的高度集成和综合运用，具有渗透性强、带动作用大、综合效益好的特点，是继计算机、互联网、移动通信网之后信息产业发展的又一推动者。物联网的应用和发展，有利于促进生产生活和社会管理方式向智能化、精细化、网络化方向转变，极大提高社会管理和公共服务水平，催生大量新技术、新产品、新应用、新模式，推动传统产业升级和经济发展方式转变，并将成为未来经济发展的增长点。

二、物联网环境下网络安全新课题

随着物联网（IOT）技术的快速发展，越来越多的智能设备被连接到网络中，形成了一个庞大且复杂的物联网生态系统。这一变革带来了前所未有的便利性和效率提升，但同时也引发了新的网络安全挑战。以下是物联网环境下网络安全领域面临的新课题，涵盖数据隐私保护机制、身份认证与访问控制、跨域数据安全共享、智能家居入侵防御、基于属性加密技术、安全协议验证方法、深度学习异常检测以及数据匿名化技术等方面。

（一）数据隐私保护机制

在物联网设备收集、传输和处理大量敏感数据时，如何确保这些数据不被未经授权的第三方访问或滥用，成为一个亟待解决的问题。数据隐私保护机制需要综合考虑数据加密、访问控制、数据脱敏以及匿名化处理等技术，以实现对敏感数据的全方位保护。

（二）身份认证与访问控制

物联网环境中，设备数量庞大且种类繁多，如何实现有效的身份认证和访问控制，防止非法设备接入或越权访问，是保障物联网安全的关键。这要求采用更加智能、动态和灵活的认证与访问控制策略，如基于属性的访问控制、多因素认证等，以适应物联网环境的复杂性和动态性。

（三）跨域数据安全共享

物联网设备往往跨越不同的网络域，如何实现跨域数据的安全共享，成为一个重要课题。跨域数据安全共享需要解决数据在不同域之间传输时的安全性、完整性和隐私保护问题，可能涉及数据格式转换、加密解密、访问权限控制等多个方面。

（四）智能家居入侵防御

智能家居作为物联网的一个重要应用领域，其安全性直接关系到用户的隐私和生活安全。智能家居入侵防御需要针对智能家居系统的特点，设计有效的入侵检测、预警和防御机制，及时发现并阻止针对智能家居的攻击。

（五）基于属性加密技术

基于属性加密技术是一种新型的加密方法，它允许用户根据数据的属性（如内容、类型、来源等）进行加密和解密，从而提高了数据加密的灵活性和安全性。在物联网环境中，基于属性加密技术可以用于保护敏感数据的传输和存储安全，防止数据泄露。

（六）安全协议验证方法

物联网设备之间的通信依赖各种安全协议，这些协议的安全性直接关系到物联网系统的整体安全。因此，需要对安全协议进行严格的验证和测试，确保其能够抵御各种攻击。安全协议验证方法需要综合考虑协议的形式化描述、攻击模拟、安全性证明等多个方面。

（七）深度学习异常检测

深度学习作为一种先进的机器学习方法，在物联网安全领域具有广泛的应用前景。通过训练深度学习模型，可以实现对物联网设备行为的实时监测和异常检测，及时发现并预警潜在的网络安全威胁。深度学习异常检测需要解决数据预处理、模型训练、特征提取等关键技术问题。

（八）数据匿名化技术

数据匿名化技术是一种保护个人隐私的有效手段。在物联网环境中，通过对敏感数据进行匿名化处理，可以在不泄露个人隐私的前提下实现数据的共享和分析。数据匿名化技术需要综合考虑数据的可用性、隐私保护程度和计算复杂度等多个方面。

物联网环境下的网络安全新课题涉及多个方面，需要综合运用多种技术手段和策略来应对。随着物联网技术的不断发展和应用领域的不断拓展，这些新课题的研究和解决将对于保障物联网系统的安全性和可靠性具有重要意义。

第四节　大数据背景下个人信息保护

一、大数据概述

（一）什么是大数据

有观点认为，人类过去经历了三次工业化技术革命，从蒸汽机时代到电力时代，再到早期的计算机时代，每一次革命都释放了巨大的生产力，开创了工业的转型和经济的增长时期。人们都说，现在人类正在经历第四次技术革命，数据就是新的源动力。

我们的确已经看到了海量数据的爆炸式增长景观，特别是来自云端的数据。云端提供了前所未有的计算能力和数据存储能力。这表明，我们已身处“大数据”时代。

但是，关于大数据的确切定义，目前尚未获得统一、公认的说法。

IBM 用 3V（Volume、Variety、Velocity）来描述大数据所拥有的特点：一是大容量（Volume），是指数据体量巨大。二是多形式（Variety），是从数据的类型角度来看的，数据的存在形式从过去的以结构化数据为主变得形式多种多样，既包含传统的结构化数据，也包含可便于搜索的半结构化数据，如文本数据，还包含更多的非结构化数据，如图片、音频和视频数据。三是高速率（Velocity）则是从数据产生效率的实时性角度来衡量的，数据以非常高的速率产生，如大量传感器生成的实时数据。

之后，IBM 又在 3V 的基础上增加了 Value 这个维度，即价值密度低的数据，称为大数据，是指大数据伴随着从低价值的原始数据中进行深度挖掘和计算，从海量且形式各异的数据源中抽取出富含价值的信息。

由此可以看出，从具备4V特性的大量数据中挖掘高价值知识，是各界对于大数据的一个共识。

由于数据量的爆炸式增长，传统的数据管理模式及工具已不能高效地存储和处理如此规模的数据。新时代呼唤新思维、新技术。从维克托·迈尔-舍恩伯格（Viktor Mayer-Schonberger）和肯尼思·库克耶（Kenneth Cukier）所著的《大数据时代》中可以看到大数据时代的思维变革。

（1）不是随机样本，而是全体数据。统计学家们证明：采样分析的精确性随着采样随机性的增加而大幅提高，但与样本数量的增加关系不大。随机采样取得了巨大的成功，成为现代社会、现代测量领域的主心骨。但这只是一条捷径，是在不可收集和分析全部数据的情况下的选择，它本身存在许多固有的缺陷。大数据是指不用随机分析法这样的捷径，而采用所有数据的方法。

（2）不是精确性，而是混杂性。数据多比少好，更多数据比算法系统更智能还要重要。社会从“大数据”中所能得到的益处，并非来自运行更快的芯片或更好的算法，而来自更多的数据。大数据的简单算法比小数据的复杂算法更有效。大数据不仅让我们不再期待精确性，也让我们无法实现精确性。那些精确的系统试图让我们接受一个贫乏而规整的惨象——假装世间万物都是整齐地排列着的。而事实上，现实是纷繁复杂的，天地间存在的事物也远远多于系统所设想的。要想获得大规模数据带来的好处，混乱应该是一种标准途径，而不应该是竭力避免的。

（3）不是因果关系，而是相关关系。在大数据时代，我们不必非得知道现象背后的原因，而是要让数据自己“发声”。通过给我们找到一个现象的良好关联物，相关关系可以帮助我们捕捉现在和预测未来。

在小数据世界中，相关关系也是有用的，但在大数据的背景下，相关关系大放异彩。通过应用相关关系，我们可以比以前更容易、更快捷、更清楚地分析事物。

大数据的相关关系分析法更准确、更快，而且不易受偏见的影响。建立在相关关系分析法基础上的预测是大数据的核心。

（二）大数据的技术转型

直至今天，我们无论使用ATM机取款、预订航班机票还是查询交通违章信息，都离不开关系数据库，都依托背后的关系数据库的数据事务处理。在事务处理上，关系模型无处不在。关系数据库模型成功的关键之处在于该模型的标准化。每个数据单元在一个表中只会出现一次，这不但减少了冗余的存储成本，还使得数据修改只发生在一个位置，数据的一致性得以保持。表中的某一列可被指定为主键，主键是一个保证无二义性地检索单条记录的属性值，还可以在查询语法中使用主键来连接这些关系。关系数据库还创造出了结构化查询语言（Structured Query

Language，SQL）来表达关系查询。关系型数据库为存储和查询数据提供了非常灵活的模型。

关系数据库模型的另一个重要概念是事务。事务管理器（或者一个事务处理服务）在一个工作单元中维护数据的完整性。一组操作被当作一个工作单元（Unit），在一个工作单元中，操作的所有部分一起成功，或失败并回滚。

凡符合关系模型的数据库，在事务处理上需要满足ACID的特性，具体内容如下：

（1）原子性（Atomicity）：一个事务要被完全地、无二义性地做完或撤销。在任何操做出现一个错误的情况下，构成事务的所有操作的效果必须被撤销，数据应被回滚到事务开始前的状态。

（2）一致性（Consistency）：一个事务应该保护所有定义在数据上的不变的属性（如完整性约束）。在完成了一个成功的事务时，数据应处于一致的状态。一个一致的事务将保护定义在数据上的所有完整性约束。

（3）隔离性（Isolation）：在同一个环境中，可能有多个事务并发执行，而每个事务都应表现为独立执行。串行地执行一系列事务的效果应该等同于并发地执行它们。在一个事务执行的过程中，数据的中间状态不应该被暴露给所有的其他事务；两个并发的事务应该不能操作同一项数据。

（4）持久性（Durability）：一个被完成的事务的效果应该是持久的。只要事务成功结束，它对数据库所做的更新就必须永久保存下来。即使发生系统崩溃，重新启动数据库系统后，数据库还能恢复到事务成功结束时的状态。

关系数据库有两个强制性要求：对数据要预先理解，在进行插入操作之前，必须先定义好模式和关系；在写入操作发生后，保持数据的一致性。

可扩展性是这种计算模式的一大缺陷。当数据容量更大、并发处理性能需求更高时，唯有提高服务器性能指标和可靠性，这是典型的向上扩展模式（Scale Up）。即使可采用并行数据库集群，最多也只能管理有限数量的服务器，而且这种并行数据库也同样要求高配置的服务器才可以运转，其成本之高可以想象。

随着信息技术的进步，软件的重要性将下降，数据的重要性将上升。人类处理、传输和保存数据的能力不断增强。

20多年来，中央处理器（Central Processing Unit，CPU）的性能提高了3 500倍；内存和磁盘的价格下降到了原来的四百五十万分之一和三百六十万分之一；主干网络带宽每6个月增加1倍，而每比特费用将趋于零。

另外，人类生产数据的能力也在增强，数据正在发生井喷式的增长。这与互联网、移动互联网、社交网络以及未来物联网大潮的高速发展直接相关。特别是智能手机等手持设备和社交网络的广泛使用，使得越来越多的人能够将可支配时间投入各种应用中，而未来物联网的发展，使得任意物品和设施都有可能24小时不间断地产生状态数据。

让我们看一看当今互联网应用场景：脸书（Facebook）管理了超过 400 亿张图片，所需存储空间超过 100PB，每天发布的新消息超过 60 亿条，所需的存储空间超过 10TB；推特（Twitter）一天产生 1.9 亿条微博；搜索引擎一天产生的日志高达 35TB，谷歌（Google）一天处理的数据量超过 25PB；油管（You Tube）一天上传的视频总时长为 5 万小时……

数据量的衡量单位，从小到大依次为 KB、MB、GB、TB、PB、EB 和 ZB，相互之间的转换公式为：

1024 KB = 1MB；1 024 MB = 1 GB；1 024 GB = 1TB；

1 024 TB = 1 PB；1 024 PB = 1 EB；1 024 EB = 1 ZB

我们曾经经历过 MB 存储时代、GB 存储时代，随着 IT 技术的快速发展，我们迈入了 TB 时代，而现在正向 PB、EB 时代迁移。

尽管随着时间的推移，商用计算机硬件变得越来越便宜，但是，从历史和经济的角度来看，持续不断地升级到更高配置的服务器硬件是不可行的。花费数倍的价钱升级一个大型机器，可能无法提供同样倍数的性能。相比之下，性能一般的小型服务器仍然很便宜。一般情况下，从经济的角度来看，水平扩展更有意义。换句话说，应该简单地为系统增加更多便宜的机器，而不应试图将一个关系型数据库放到一台昂贵的大型服务器上。

以关系数据库技术，不可能支撑今天大数据的应用场景。

对于很多应用场景，尤其是互联网相关应用来说，并不像银行业务等对数据的一致性有很高的要求，而更看重数据的高可用性以及架构的可扩展性等技术因素。因此，NoSQL 数据库应运而生，作为适应不同应用场景要求的新型数据存储与处理架构，它与传统数据库有很强的互补作用，而且应用场景更加广泛。例如，Yahoo 公司通过部署包含 4 000 台普通服务器的 Hadoop 集群，可以存储和处理高达 4PB 的数据，整个分布式架构具有非常强的可扩展性。NoSQL 数据库的广泛使用代表了一种技术范型的转换。

二、大数据时代个人信息保护的方法和意义

在大数据时代，个人信息已成为一种宝贵的资源，其重要性不言而喻。然而，随着数据技术的飞速发展，个人信息泄露的风险不断增加。因此，探讨大数据时代个人信息保护的方法和意义显得尤为重要。

（一）大数据时代个人信息保护的方法

1. 法律法规的完善与执行

大数据时代，政府应通过制定和完善相关法律法规，为个人信息保护提供坚实的法律保障。例如，明确规定企业在收集、使用、存储个人信息时必须遵循的

原则和程序，以及违反这些规定应承担的法律责任。同时，加强执法力度，确保法律法规得到有效执行。

2. 技术手段的革新与应用

随着大数据技术的不断进步，保护个人信息的技术手段不断革新。例如，通过加密技术确保个人信息在传输和存储过程中的安全性；利用匿名化处理技术，使个人信息在不影响正常使用的前提下降低被泄露的风险；开发智能监控系统，及时发现并阻止潜在的网络安全威胁。

3. 个人信息安全意识的提升

除了政府和企业的努力外，个人也应提高信息安全意识，学会如何保护自己的个人信息。例如，设置复杂且不易被猜测的密码；谨慎处理社交媒体上的隐私设置，避免公开过多的个人信息；定期更换密码，并避免在多个平台上使用相同的密码。

4. 行业自律与协作

在大数据时代，各行业应形成自律机制，共同维护个人信息的安全。例如，建立行业信息共享平台，及时通报个人信息泄露事件；加强行业内部的技术交流与合作，共同提升个人信息保护水平。

（二）大数据时代个人信息保护的意义

1. 维护个人隐私权

个人信息是每个人的隐私，保护个人信息就是维护个人隐私权。在大数据时代，个人信息被滥用的风险增加，因此保护个人信息对于维护个人隐私权具有重要意义。

2. 保障个人财产安全

个人信息泄露可能导致身份盗窃、信用卡诈骗等不法行为的发生，从而给个人带来财产损失。因此，保护个人信息也是保障个人财产安全的重要措施。

3. 促进数字经济健康发展

在数字经济时代，个人信息已成为重要的生产要素。保护个人信息有助于建立信任机制，促进数据共享与流通，为数字经济提供安全、可靠的发展环境。

4. 维护社会稳定与安全

个人信息不仅关乎个人，还与国家安全和社会稳定息息相关。大规模的个人信息泄露可能威胁到国家安全。因此，保护个人信息也是维护社会稳定与安全的重要一环。

5. 推动法律法规与道德规范的完善

随着大数据时代的到来，个人信息保护已成为全球性的议题。各国纷纷出台相关法律法规和道德规范，以应对个人信息保护面临的挑战。保护个人信息有助于推动法律法规与道德规范的完善，为构建更加公平、公正、和谐的社会环境提供有力保障。

大数据时代，个人信息保护的方法和意义不容忽视。政府、企业、个人以及各行业应共同努力，形成合力，共同守护个人信息的安全与隐私。只有这样，我们才能在享受大数据带来的便利与效率的同时，确保个人信息不被滥用和泄露，为构建一个更加安全、可靠、智能的数字世界贡献力量。

第五节　青少年在数字时代的发展机遇

青少年在数字时代的发展机遇主要体现在以下几个方面。

一、教育与学习资源的丰富性

（一）数字化教育资源

互联网提供了海量的学习资源，如在线课程、电子书籍、网络讲座等，青少年可以随时随地获取所需知识，拓宽学习渠道。线上教育平台如慕课（MOOCs）等，为青少年提供了与世界顶尖学府接轨的机会，使他们能够接受到高质量的教育资源。

（二）个性化学习

借助大数据和人工智能技术，教育机构能够分析青少年的学习习惯和兴趣，提供个性化的学习方案，提高学习效率。青少年可以根据自己的兴趣和目标，选择适合自己的学习内容和节奏，实现自主学习和终身学习。

二、创新与创业的机会

（一）科技创新

青少年可以通过参与科技创新竞赛、科研项目等，提升自己的创新能力和实践能力。

在人工智能、大数据、物联网等新兴技术领域，青少年有着广阔的创新空间，可以发挥自己的想象力和创造力，推动技术进步。

（二）创业机遇

数字经济和互联网的发展为青少年提供了丰富的创业机会。例如，青少年可以利用电商平台开设网店，或者开发移动应用来创业。创业教育在青少年中的普及，也使他们更加具备创业意识和创业能力，从而在数字时代抓住机遇，实现自我价值。

三、社会参与与交流的广泛性

（一）社交媒体

社交媒体平台为青少年提供了广泛的社会参与和交流机会。他们可以通过社交媒体结识朋友、分享生活、参与公益活动等，拓宽社交圈。社交媒体也成为青少年表达观点、展示才华的重要平台，有助于他们建立个人品牌和影响力。

（二）数字化公共服务

政府和社会组织通过数字化手段提供更加便捷、高效的公共服务，如在线办理证件、参与社区服务等。青少年可以积极参与这些服务，提升社会责任感和实践能力。

四、职业发展的多样性

（一）新兴职业

数字时代催生了大量新兴职业，如数据分析师、人工智能工程师、数字营销专家等。这些职业为青少年提供了更多的职业选择和发展空间。青少年可以通过学习和实践，掌握这些新兴职业所需的技能和知识，为未来的职业发展打下坚实的基础。

（二）灵活就业

数字化手段使得灵活就业成为可能。青少年可以通过远程办公、自由职业等方式，实现工作与生活的平衡，追求更加自由和多样化的职业发展道路。

青少年在数字时代面临着丰富的教育与学习资源、创新与创业的机会、广泛的社会参与与交流以及多样的职业发展等机遇。这些机遇为青少年的成长和发展提供了广阔的空间和无限的可能。然而，青少年在享受这些机遇的同时，也需要提高自我保护意识，注意个人信息保护和网络安全等问题。

第六节　全球视角下的网络安全合作

全球视角下的网络安全合作：共筑数字世界的防御长城。

在21世纪的今天，随着互联网技术的飞速发展，全球已步入一个高度数字化的时代。网络空间作为新兴的全球公共空间，不仅承载着信息的快速流通，还深刻影响着经济、政治、文化等多个领域。然而，网络安全威胁也日益严峻，跨国网络攻击、数据泄露、网络诈骗等事件频发，对国家安全、社会稳定和个人隐私构成了严重威胁。在此背景下，全球视角下的网络安全合作显得尤为重要，它不仅是应对网络安全挑战的有效途径，也是维护国际秩序、促进共同发展的重要基石。

一、网络安全威胁的全球性与合作必要性

网络安全威胁具有鲜明的全球性特征。黑客攻击、病毒传播、网络钓鱼等不法行为往往跨越国界，利用互联网的开放性进行快速扩散，影响范围广泛且难以预测。此外，随着物联网、云计算、人工智能等新技术的广泛应用，网络安全问题的复杂性和隐蔽性进一步增加，单个国家或地区难以独自应对。因此，加强国际合作，共享信息、技术和经验，成为应对网络安全挑战、保障全球网络安全的关键。

二、全球网络安全合作的实践与成效

近年来，国际社会在网络安全合作方面取得了显著进展。

一方面，多国政府间建立了网络安全对话机制，如联合国网络安全高级别会议、G20网络安全专家会议等，为各国政府提供了交流政策、协调行动的平台。这些会议不仅促进了各国在网络安全立法、执法、应急响应等方面的合作，还推动了网络安全标准和最佳实践的共享。

另一方面，跨国企业和国际组织在网络安全合作中发挥了积极作用。许多跨国企业通过建立全球安全运营中心，实现跨国协作，共同应对网络攻击。同时，国际组织如国际电信联盟（ITU）、国际标准化组织（ISO）等致力于制定网络安全标准和指南，为全球网络安全提供技术支撑。

三、面临的挑战与未来方向

尽管全球网络安全合作取得了积极成果，但仍面临诸多挑战：一是合作机制尚不完善，部分国家之间存在信任赤字，影响了合作的深度和广度。二是技术差距导致合作不平衡，发展中国家在网络安全技术和人才方面相对落后，难以充分参与全球网络安全合作。三是网络安全问题的复杂性和多样性要求更高的合作效率和创新性解决方案。

面对这些挑战，未来全球网络安全合作应朝以下几个方向发展：一是深化国际合作机制，建立更加平等、开放、包容的合作框架，增强互信，促进共识。二是加强技术援助和能力建设，特别是帮助发展中国家提升网络安全防护能力，缩小技术差距。三是推动技术创新与合作，利用人工智能、区块链等新技术提升网络安全防护的智能化和自动化水平，同时加强国际合作，共同研发应对新型网络威胁的技术手段。四是加强法律与政策协调，推动制定统一的网络安全国际规则和标准，为国际合作提供法律保障。

全球视角下的网络安全合作是维护数字世界和平与安全的必由之路。面对日益严峻的网络安全挑战，各国应携手并进，共筑数字世界的防御长城。通过深化

合作、共享资源、创新技术，我们不仅能够有效应对当前的网络安全威胁，还能为构建一个更加安全、开放、繁荣的数字世界奠定坚实基础。在这个过程中，每个国家都是不可或缺的一环，每一分努力都将为人类的数字未来增添一份安全保障。

第七节　青少年应具备的未来网络安全技能

在数字时代，网络安全对于青少年来说至关重要。为了适应未来网络环境的挑战，青少年应具备以下网络安全技能。

一、基础网络安全知识

（一）理解网络结构与协议

（1）掌握 TCP/IP 等网络协议的基本原理，了解网络数据的传输过程。

（2）熟悉常见的网络设备和网络拓扑结构。

（二）认识网络安全威胁

（1）了解网络钓鱼、恶意软件、网络诈骗等常见的网络安全威胁。

（2）认识到个人信息泄露、网络暴力等问题的严重性。

二、个人信息保护技能

（一）设置强密码

（1）学会创建复杂且独特的密码，避免使用容易猜测或常见的密码。

（2）定期更换密码，并避免在不同平台使用相同的密码。

（二）谨慎分享个人信息

（1）不在不可信的网站或社交媒体上随意分享个人信息，如姓名、地址、电话号码等。

（2）了解并遵守个人信息保护的相关法律法规。

（三）使用隐私设置

（1）熟悉社交媒体和在线平台的隐私设置功能，根据自己的需求调整隐私级别。

（2）定期检查并更新隐私设置，确保个人信息的安全。

三、网络安全工具与软件的使用

（一）安装防病毒软件

（1）在计算机和移动设备上安装可靠的防病毒软件，并定期更新病毒库。

（2）定期进行全盘扫描，及时发现并清除潜在的恶意软件。

（二）使用防火墙

（1）配置防火墙以限制不必要的网络访问和数据传输。

（2）了解防火墙的工作原理和设置方法，确保网络环境的安全。

（三）加密通信

（1）学会使用加密通信工具，如加密邮件、加密聊天软件等，保护通信内容的安全。

（2）了解加密技术的基本原理和应用场景。

四、网络安全意识与行为

（一）识别可疑信息

（1）学会识别并避免点击可疑的链接或下载未知来源的文件。

（2）对网络上的信息保持警惕，不轻信未经证实的消息。

（二）保护知识产权

（1）尊重他人的知识产权，不盗用或非法传播他人的作品。

（2）了解并遵守版权法等相关法律法规。

（三）维护网络安全秩序

（1）不参与网络暴力、网络欺凌等违法行为。

（2）在遇到网络安全问题时，及时向相关部门或平台举报。

五、持续学习与提升

（一）关注网络安全动态

（1）定期关注网络安全领域的新闻和动态，了解最新的网络安全威胁和防护方法。

（2）参加网络安全相关的讲座、培训或活动，提升自己的网络安全素养。

（二）获取专业认证

考虑参加网络安全领域的专业认证考试，如信息系统安全专业认证（Certified Information System Security Professional，CISSP）等，以提升自己的专业竞争力。通过认证考试来检验自己的网络安全知识和技能水平。

青少年应具备的未来网络安全技能包括基础网络安全知识、个人信息保护技能、网络安全工具与软件的使用、网络安全意识与行为以及持续学习与提升的能力。这些技能将有助于青少年在数字时代中更好地保护自己的网络安全和隐私。

参考文献

［1］吴世忠，江常青，孙成昊．信息安全保障［M］．北京：机械工业出版社，2014.

［2］杨林，于全．动态赋能网络空间防御［M］．北京：人民邮电出版社，2017.

［3］夏冰．网络安全法和网络安全等级保护 2.0［M］．北京：电子工业出版社，2017.

［4］左晓栋．美国网络安全战略与政策二十年［M］．北京：电子工业出版社，2018.

［5］敖志刚．网络空间作战：机理与筹划［M］．北京：电子工业出版社，2018.

［6］胡俊，沈昌祥，公备．可信计算 3.0 工程初步［M］．北京：人民邮电出版社，2018.

［7］陈铁明．网络空间安全实战基础［M］．北京：人民邮电出版社，2018.

［8］陈凯，付才，刘铭．网络空间安全实践能力分级培养［M］．北京：人民邮电出版社，2019.

［9］刘化君，郭丽红．网络安全与管理［M］．北京：电子工业出版社，2019.

［10］吉尔曼，巴斯．零信任网络［M］．奇安信身份安全实验室，译．北京：人民邮电出版社，2019.

［11］夏冰．网络空间安全与关键信息基础设施安全［M］．北京：电子工业出版社，2020.

［12］王竣德，汤俊，阮逸润．网电空间中相依网络健壮性研究［M］．北京：电子工业出版社，2020.

［13］李剑，杨军．网络空间安全导论［M］．北京：机械工业出版社，2020.

［14］DOWNEY A B. 复杂性思考：复杂性科学和计算模型［M］．郭涛，朱梦瑶，译．北京：机械工业出版社，2020.

［15］郭鑫．信息安全等级保护测评与整改指导手册［M］．北京：机械工业出版社，2020.

［16］石祖文．大型互联网企业安全架构［M］．北京：电子工业出版社，2020.

［17］朱诗兵．网络安全意识导论［M］．北京：电子工业出版社，2020.